高等学校应用型人才培养规划教材

U0677164

工程制图习题集

主　编　龙玉杰

副主编　王　舒　陶先芳　陈　蛟

重庆大学出版社

内容提要

本习题集包含内容:点、直线和平面,投影变换,立体的投影,常用曲线与曲面,标高投影,制图的基本知识,图样画法,建筑施工图,结构施工图,矿山制图基础。与龙玉杰主编的《工程制图》配套使用(第1章、第11章省略),编排顺序与教材一致,配合紧密,便于选用。

全书针对高等学校少学时的"工程制图"课程编写,可作为高等学校土建类专业的教材,也可供函授大学、电视大学、网络学院、成人高校等的相关专业选用。

图书在版编目(CIP)数据

工程制图习题集/龙玉杰主编.—重庆:重庆大
学出版社,2016.8(2020.8重印)
ISBN 978-7-5624-9905-3

Ⅰ.①工… Ⅱ.①龙… Ⅲ.①工程制图—高等学校—
习题集 Ⅳ.①TB23-44

中国版本图书馆CIP数据核字(2016)第160227号

工程制图习题集

主 编 龙玉杰
副主编 王 舒 陶先芳 陈 蛟
策划编辑:曾令维

责任编辑:李定群 版式设计:曾令维
责任校对:谢 芳 责任印制:张 策

*

重庆大学出版社出版发行
出版人:饶帮华
社址:重庆市沙坪坝区大学城西路21号
邮编:401331
电话:(023)88617190 88617185(中小学)
传真:(023)88617186 88617166
网址:http://www.cqup.com.cn
邮箱:fxk@cqup.com.cn(营销中心)
全国新华书店经销
POD:重庆新生代彩印技术有限公司

*

开本:787mm×1092mm 1/16 印张:10 字数:129千
2016年8月第1版 2020年8月第2次印刷
ISBN 978-7-5624-9905-3 定价:30.00元

前　言

　　本习题集以教育部工程图学教学指导委员会提出的"普通高等院校工程图学课程教学基本要求"为依据,结合 21 世纪对高校人才培养的需求,在对工程图学的教学本质和功能再认识的基础上,以培养学生综合素质及创新能力为出发点,结合编者多年教学经验和教改成果编写而成。与同步出版的《工程制图》(龙玉杰主编)教材配套使用。除第 1 章和第 11 章外,各章均配有难易程度适中的习题。

　　在编题过程中,编者充分考虑了当前高校师生实际及工程制图课程实践性强的特点,除突出基本概念、基本理念、基本内容方面的训练外,注重综合能力的训练和培养,题目由浅入深,循序渐进,画读结合。

　　本习题集由贵州民族大学和凯里学院两校共同编写,由龙玉杰(贵州民族大学)任主编,王舒(贵州民族大学)、陶先芳(贵州民族大学)、陈蛟(凯里学院)任副主编。参加编写的还有莫樊、牟宏。

　　由于编者水平和经验有限,加之时间仓促,书中难免会存在不足和疏漏,欢迎广大师生批评指正。

编　者
2016 年 8 月

目　录

目 录

班级_____　姓名_____　学号_____　成绩_____　日期_____

2-1　已知点的两面投影,求出点的第三面投影。

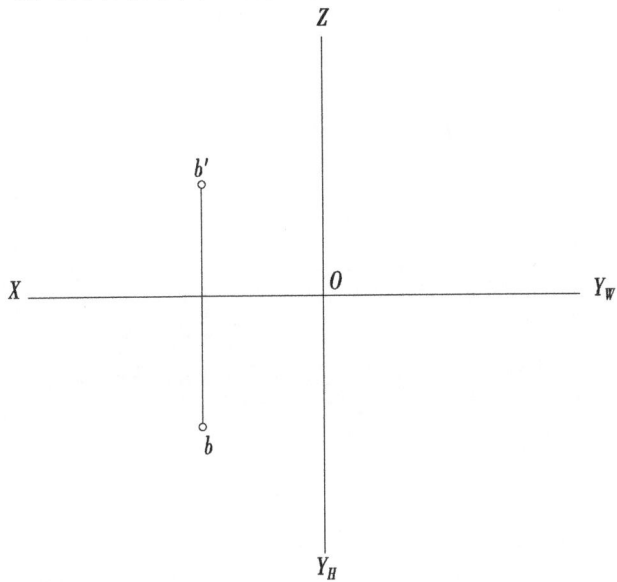

Z

b'

X —————————————— 0 —————————————— Y_W

b

Y_H

2-2　已知点的两面投影,求出点的第三面投影。

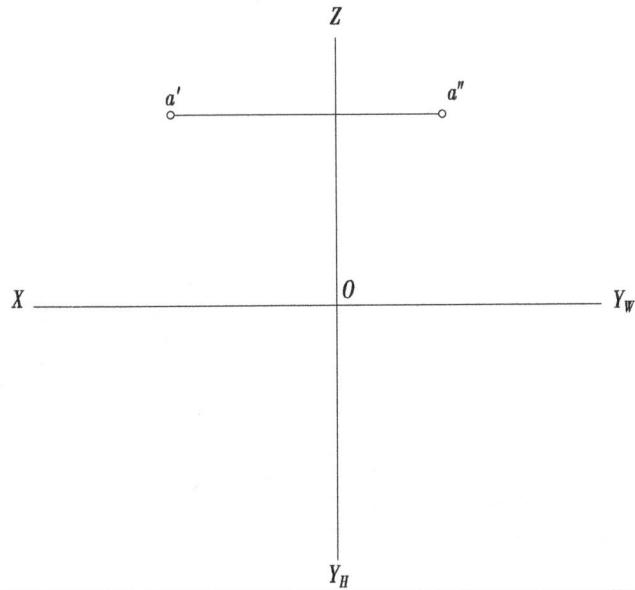

Z

a'　　　　　　　　　　a''

X —————————————— 0 —————————————— Y_W

Y_H

2-3　作出点 $A(20,15,10)$、点 $B(25,0,10)$ 的投影图和直观图。

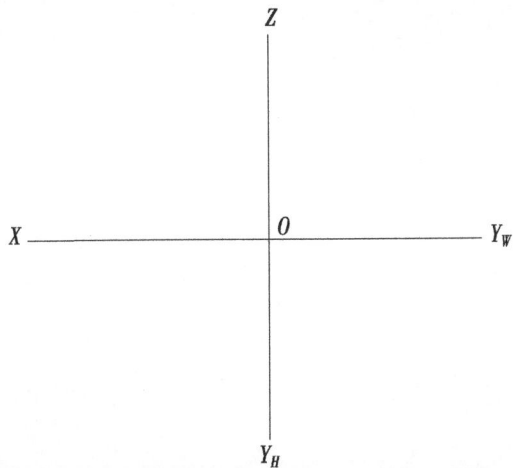

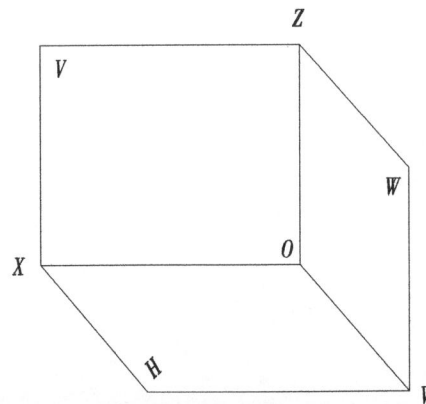

Z

X —————————————— 0 —————————————— Y_W

Y_H

Z

V

W

X

0

H

V

2-4　比较 A, B 两点的相对位置,并量出坐标差 Δ。

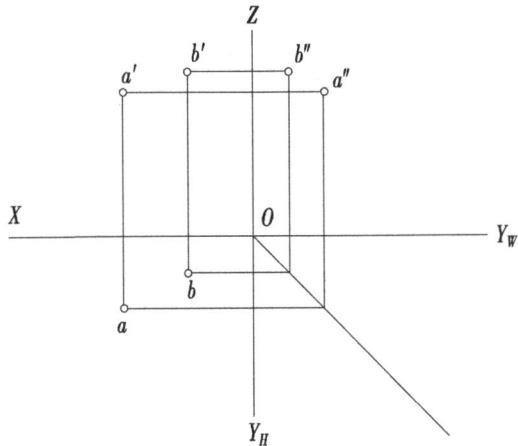

_____点在左,_____点在右,$\Delta =$ 　　mm

_____点在左,_____点在右,$\Delta =$ 　　mm

_____点在左,_____点在右,$\Delta =$ 　　mm

2-5　求作下列各点的第三投影,判定重影点的可见性(不可见点加括号)。

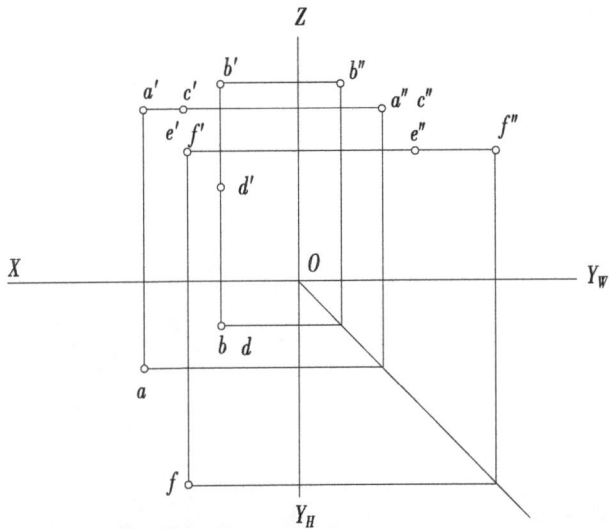

2-6　已知 A, B, C 3 点的各一投影,且 $Aa = 20$,$Bb' = 10$,$Cc'' = 5$,完成各点第三面投影。

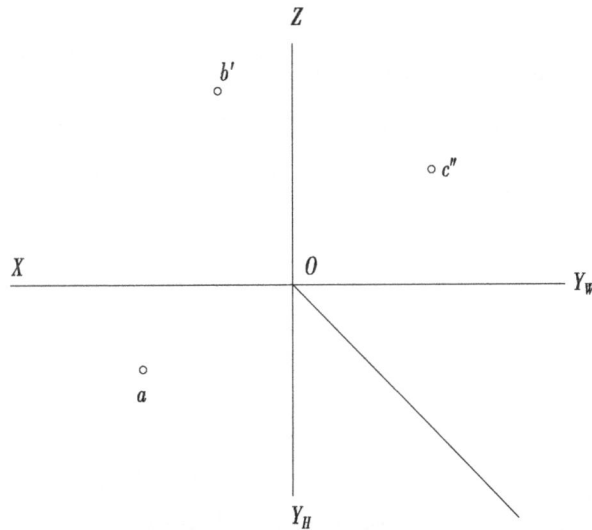

2-7 作图判断 K 点是否在直线 AB 上。

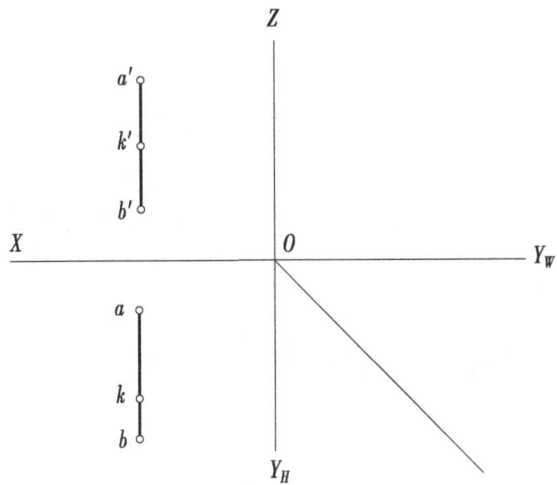

2-8 求 AB 的实长和对 H 面的倾角 α。

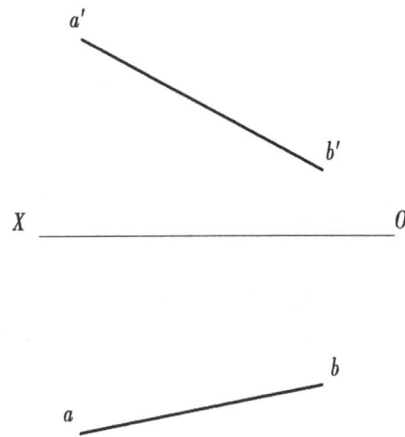

2-9 求直线 CD 的实长和对 V 面的倾角 β。

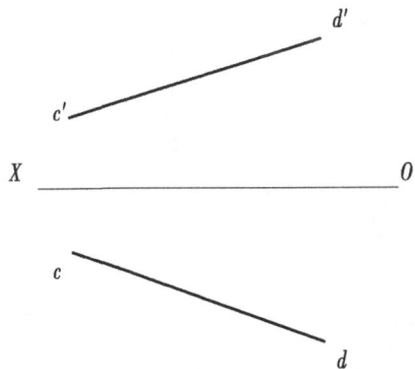

2-10 在直线上取一点 C，使得 C 点分线段 $AC:CB=2:3$。

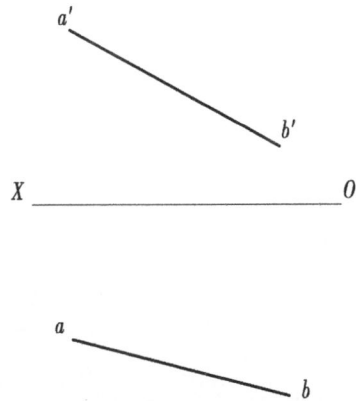

2-11 在 CD 上取一点 K,使得 K 到 V 面的距离为 20 mm。

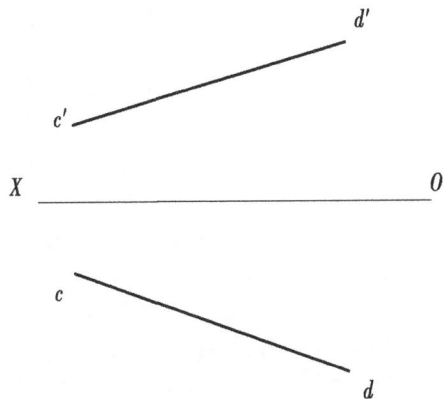

2-12 已知线段对 H 面的倾角为 30°,完成它的投影。

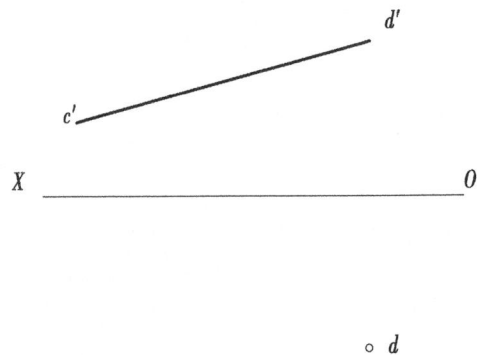

2-13 已知 AB∥W,AB = 20 mm,α = 30°,B 点在 A 点的后上方,求直线 AB 的第三面投影。

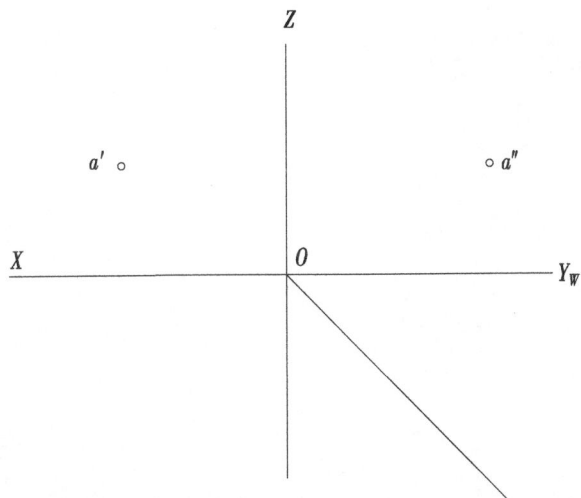

2-14 求作直线 CD 的迹点。

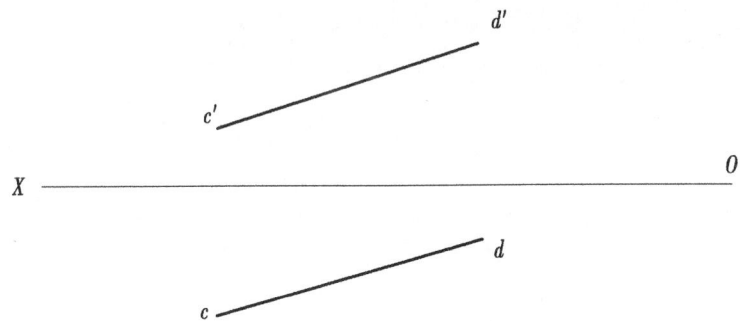

2-15　判断下列各直线的相对位置。

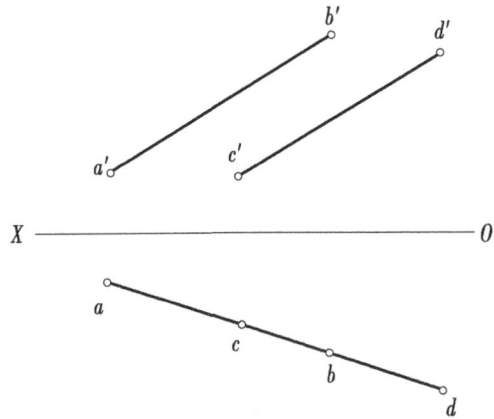

（1）＿＿＿＿＿＿

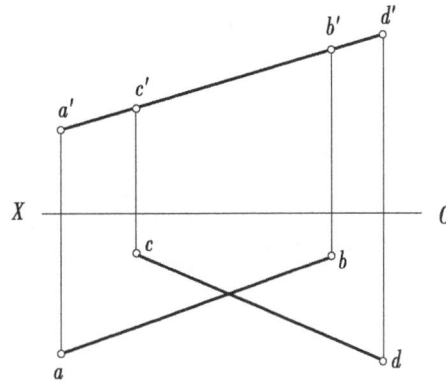

（2）＿＿＿＿＿＿

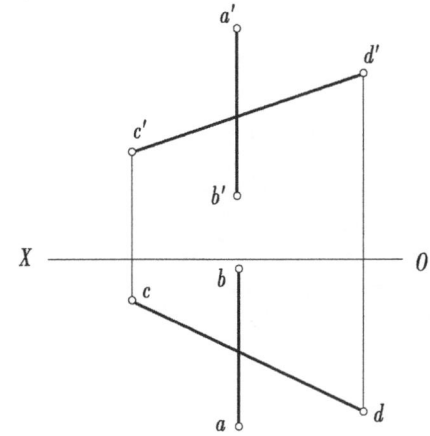

（3）＿＿＿＿＿＿

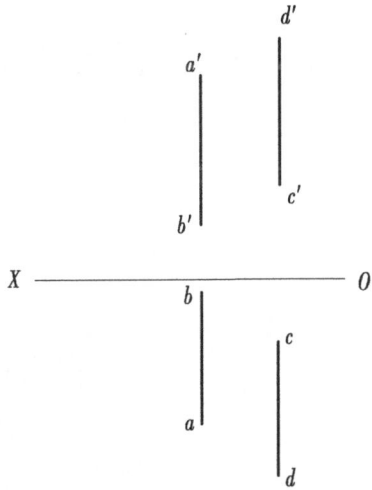

（4）＿＿＿＿＿＿

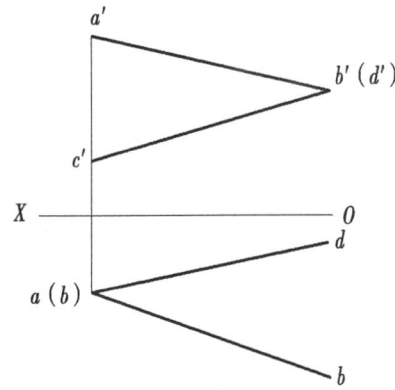

（5）＿＿＿＿＿＿

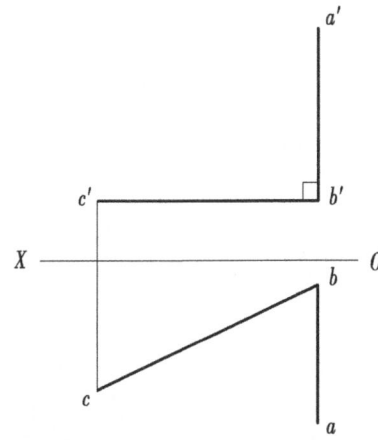

（6）＿＿＿＿＿＿

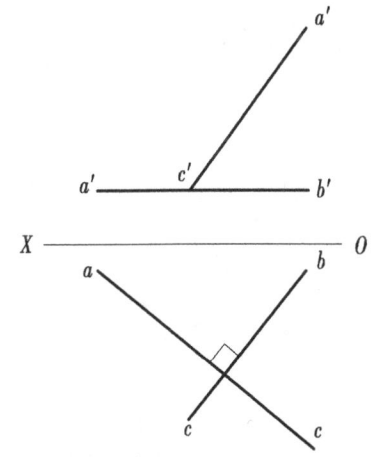

（7）＿＿＿＿＿＿

2-16　作直线 MN，使其与 EF，CD 都相交，且 $MN /\!/ AB$。

b'
c'
a'
f'(e')
d'

X ——————————— 0

e
c
b
a
f
d

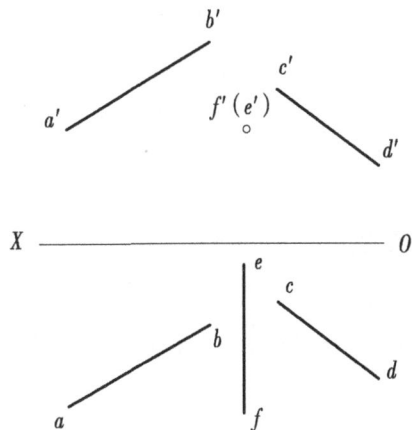

2-17　过 K 点作一直线与 AB，CD 都相交。

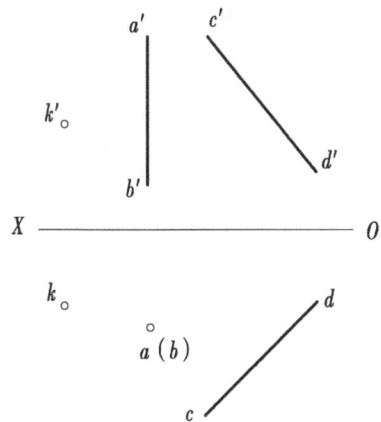

a'
c'
k'
b'
d'

X ——————————— 0

k
d
a(b)
c

2-18　求 K 点到 AB 直线的距离。

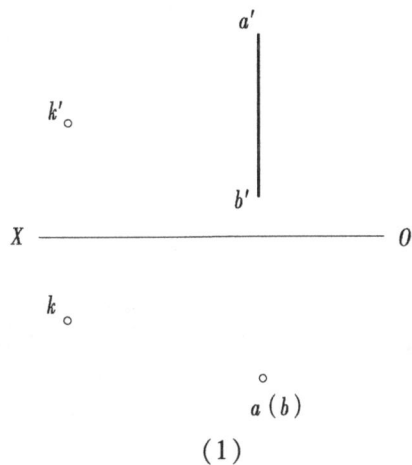

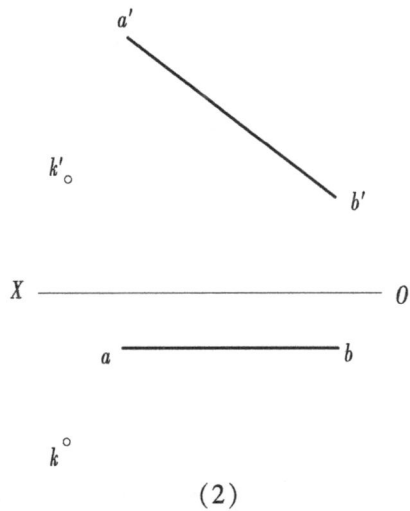

a'
k'
b'

X ——————————— 0

k

a(b)

（1）

a'
k'
b'

X ——————————— 0

a ———— b

k

（2）

2-19 等腰三角形 ABC，C 点在直线 DE 上，$AB /\!/ V$ 面，求作三角形两投影。

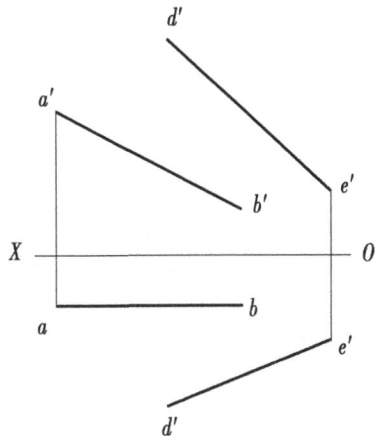

2-20 已知 E 点到 AB 的距离 30 mm，求 E 点的 V 面投影。

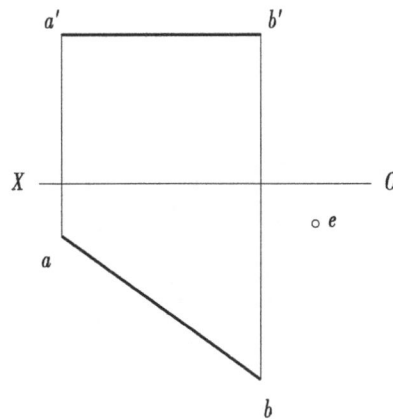

2-21 判别交叉直线重影点的可见性。

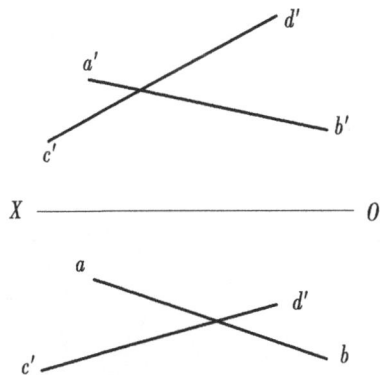

2-22 已知 $AB \perp BC$，且等长，点 A 在 V 面内，求直线 AB 的两面投影。

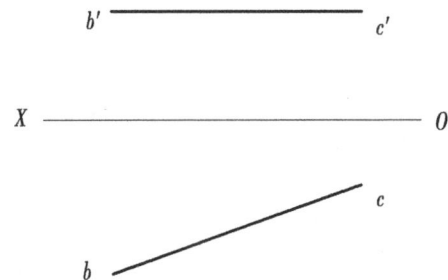

2-23　求 M,N 的另一个投影。

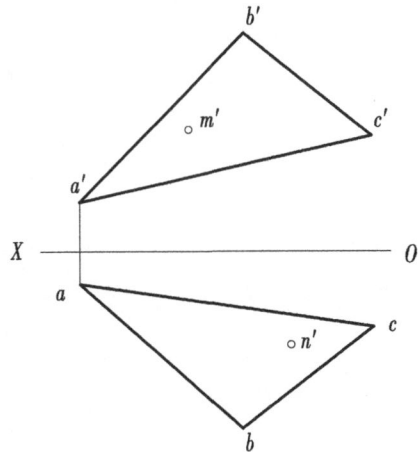

b'

m'

c'

a'

X —————————— 0

a

c

n'

b

2-24　求三角形 ABC 对 H 面的倾角 α。

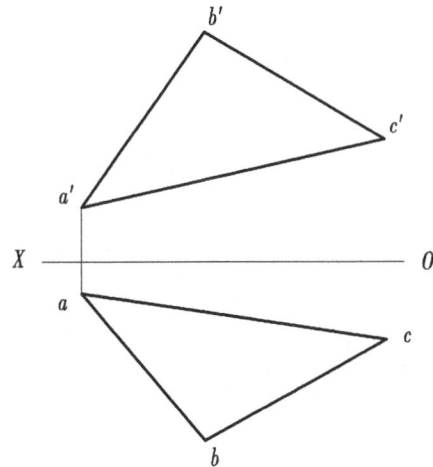

b'

c'

a'

X —————————— 0

a

c

b

2-25　补全下列多边形的两面投影。

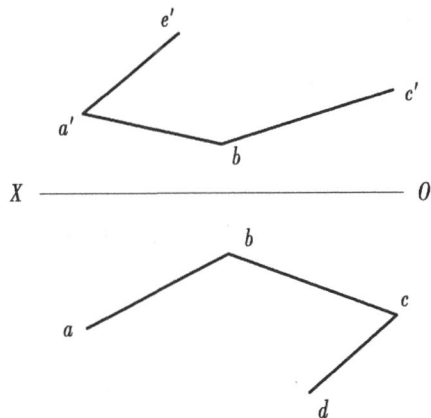

e'

a'

c'

b

X —————————— 0

b

a

c

d

2-26　求侧垂面上点和多边形的投影。

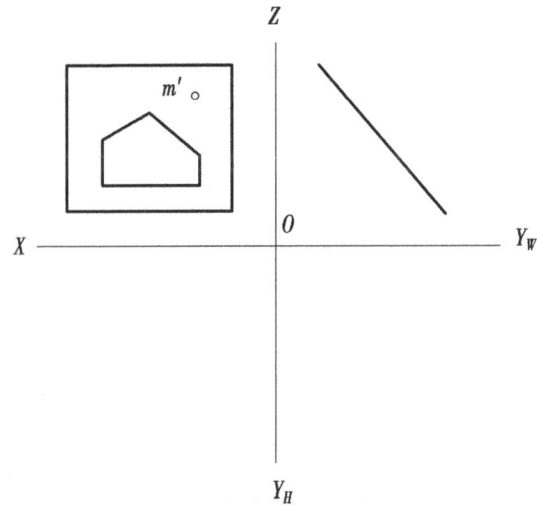

Z

m'

X —————————— Y_W

0

Y_H

2-27　直线 *MN* 在 *EFG* 上，求作 *MN* 的 *H* 面投影。

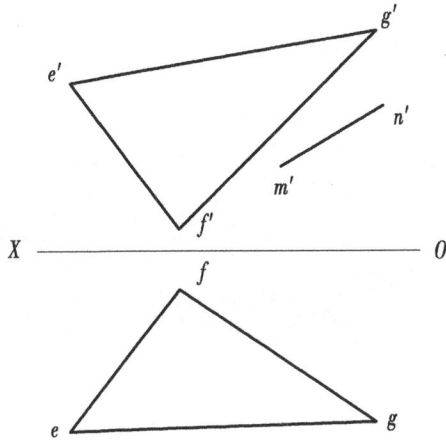

2-28　过 *B* 点作矩形 *ABCD*，矩形 *AB* = 25 mm 且垂直于 *V* 面，长边 *BC* = 40 mm，α = 30°，求作矩形 *ABCD* 的 *V* 面、*H* 面投影。

2-29　过 *A* 点作一水平线，在 *ABC* 内作一正平线，使其距 *V* 面为 20 mm。

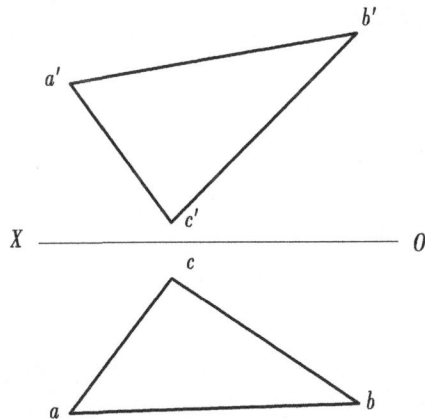

2-30　在 *ABC* 内求作点 *D*，使点 *D* 比点 *C* 低 20 mm，比点 *C* 向前 15 mm。

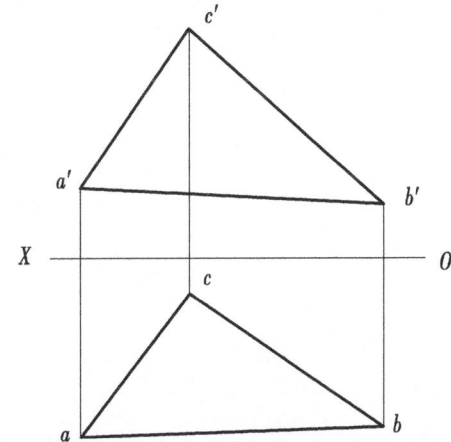

2-31　已知点 *M* 和直线 *AB*，*CD* 同在一个平面内，求作 *CD* 的正面投影。

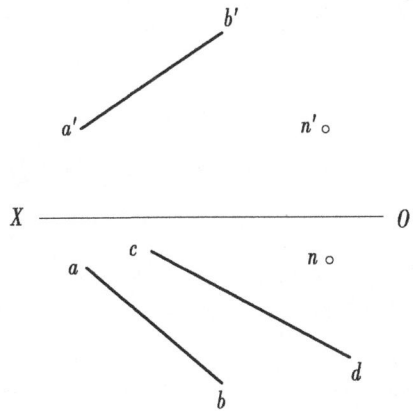

2-32　点 *M* 作直线平行于已知平面。

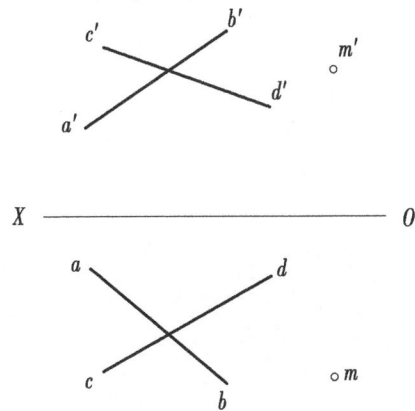

2-33　过 *K* 点作一水平线平行于 *ABC*。

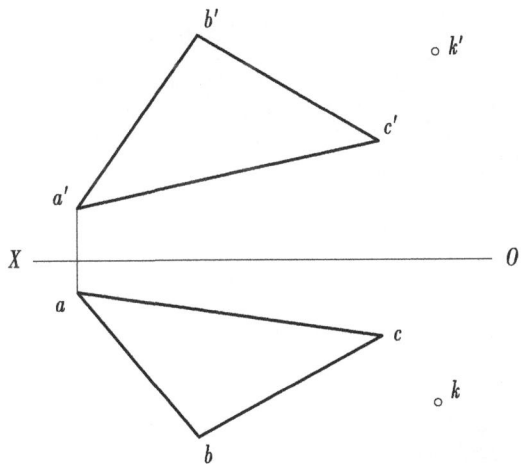

2-34　过 *K* 点作平面平行于 *EFG*。

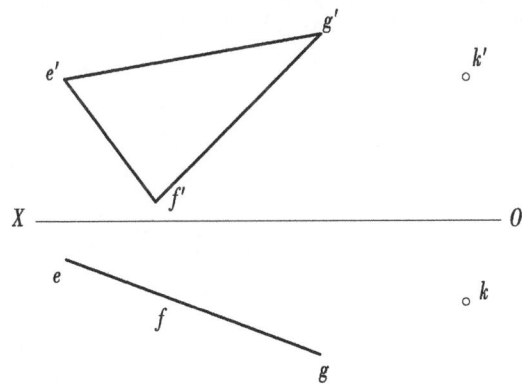

2-35 判断下列直线与平面、平面与平面是否平行。

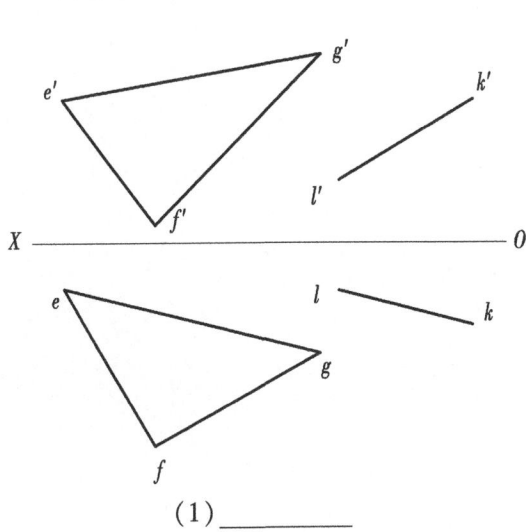

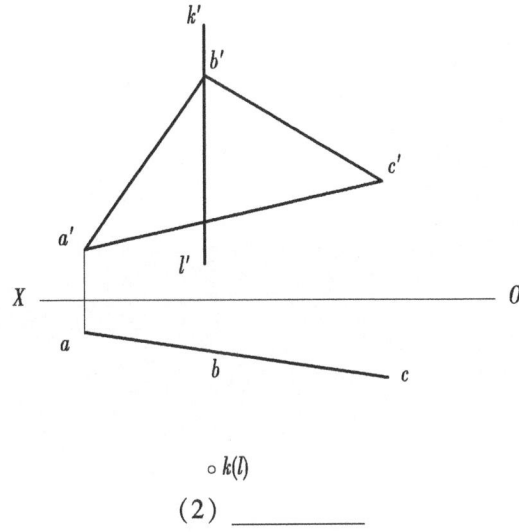

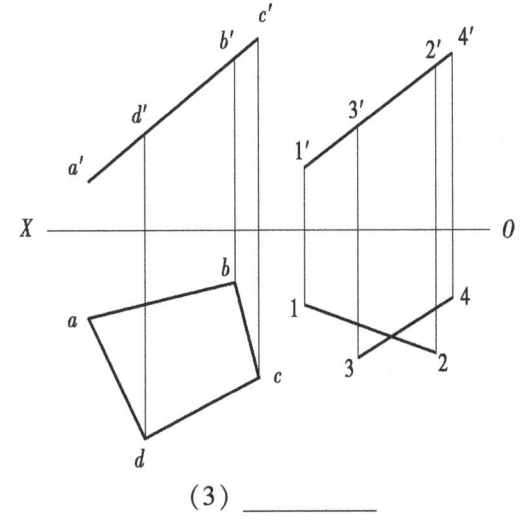

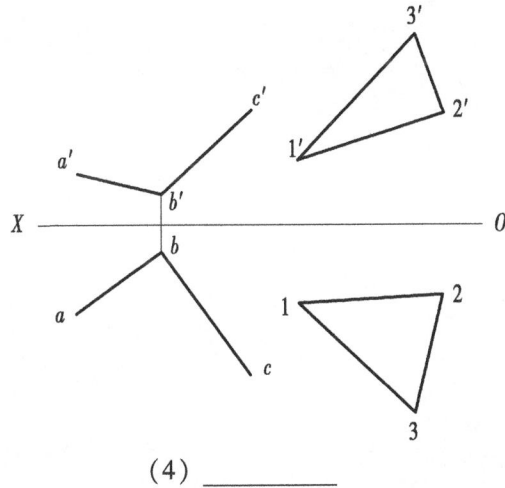

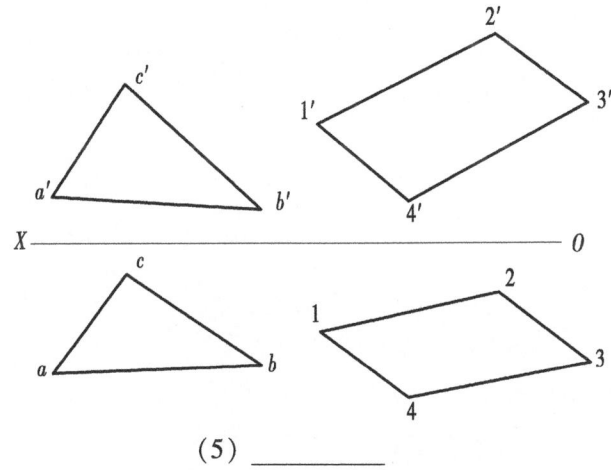

(1) ＿＿＿＿＿

(2) ＿＿＿＿＿

(3) ＿＿＿＿＿

(4) ＿＿＿＿＿

(5) ＿＿＿＿＿

2-36　求直线与平面的交点,并判别其可见性。

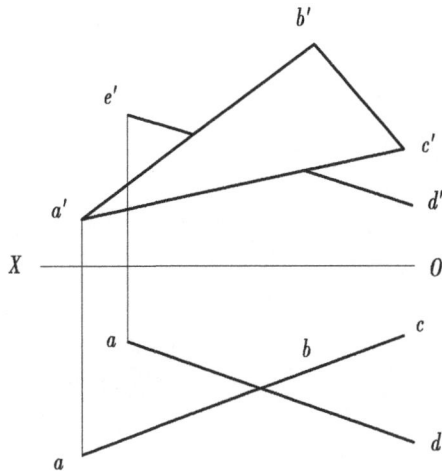

（1）

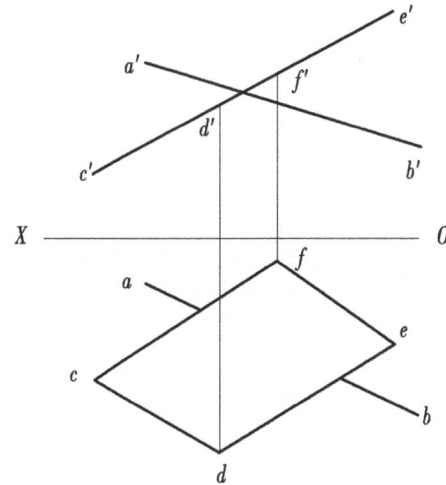

（2）

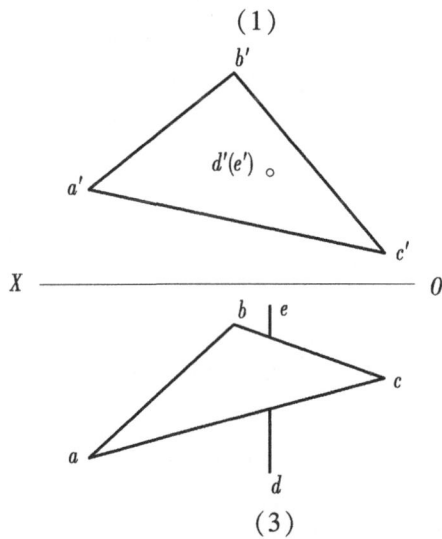

（3）

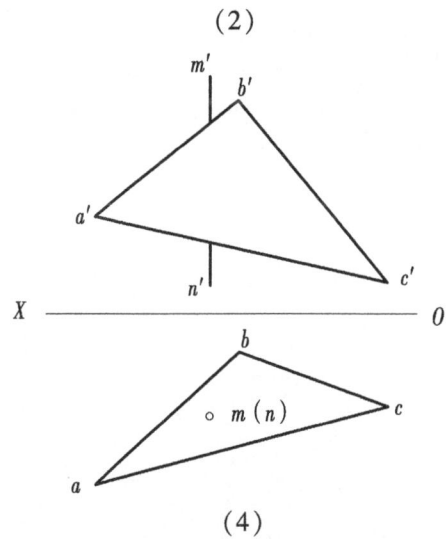

（4）

第 2 章　点、直线和平面

班级_____　姓名_____　学号_____　成绩_____　日期_____

2-37　求直线与平面的交点,并判别其可见性。

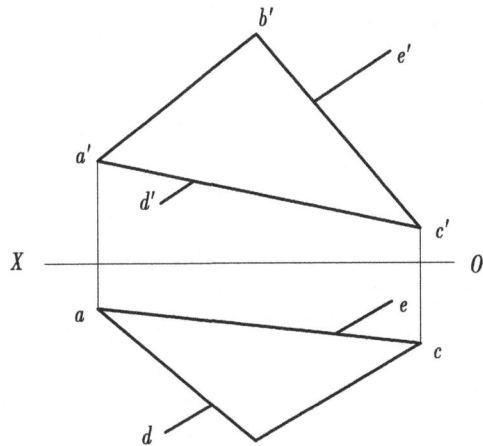

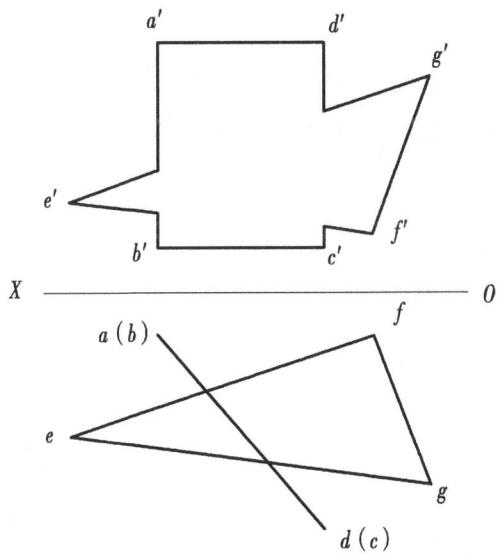

（2）

2-38　求平面与平面的交线,并判别其可见性。

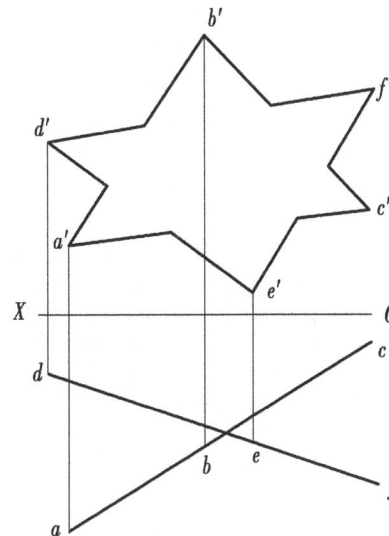

（1）

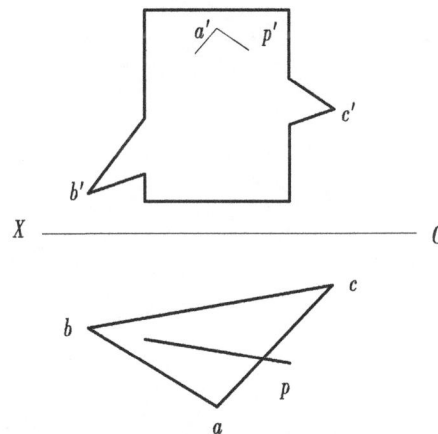

（3）

第2章 点、直线和平面

班级_____ 姓名_____ 学号_____ 成绩_____ 日期_____

2-39 过已知点作平面垂直于已知直线。

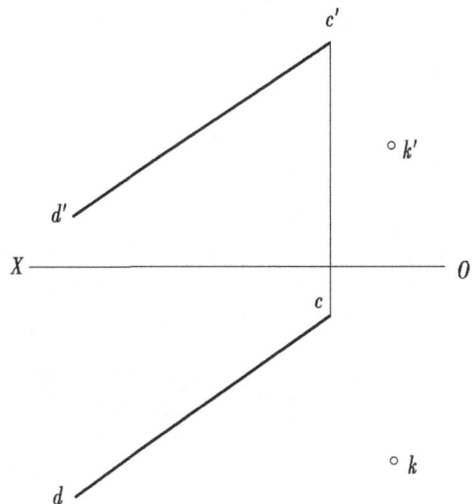

2-40 求作两个任意平面的交线,并判别其可见性。

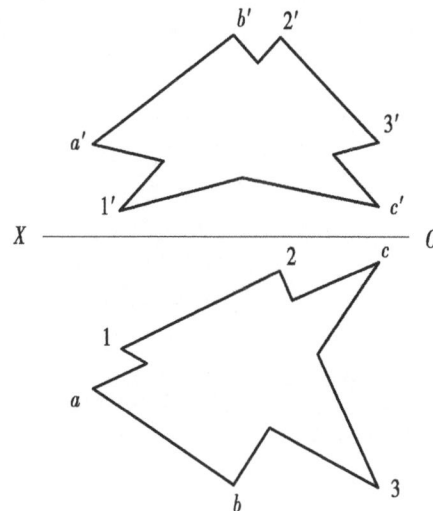

（1）

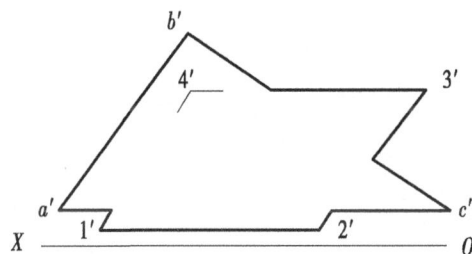

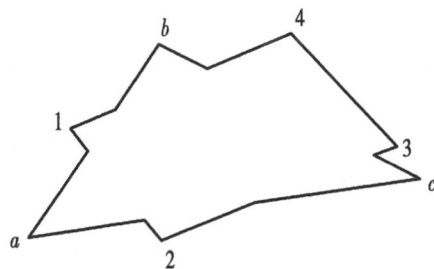

（2）

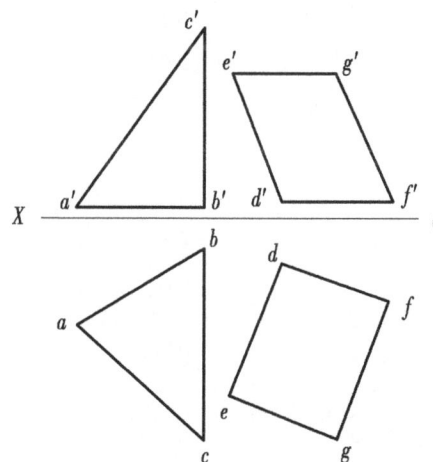

（3）

14

2-41　已知矩形 *ABCD* 边的部分投影,补全其两面投影。

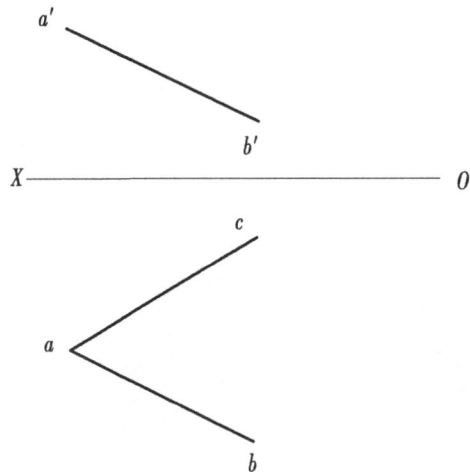

2-42　求作点到平面的距离。

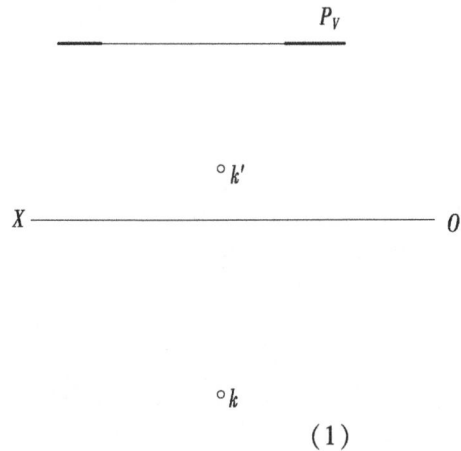

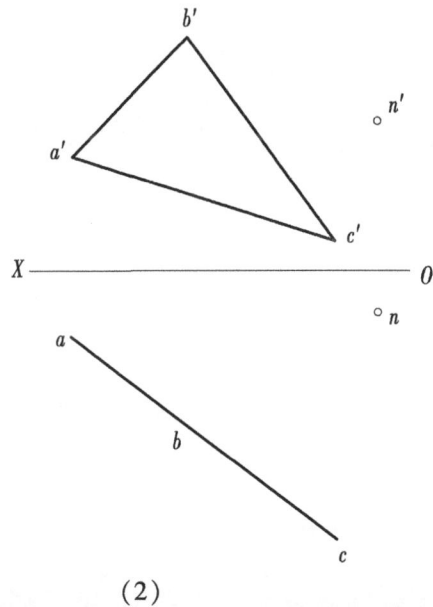

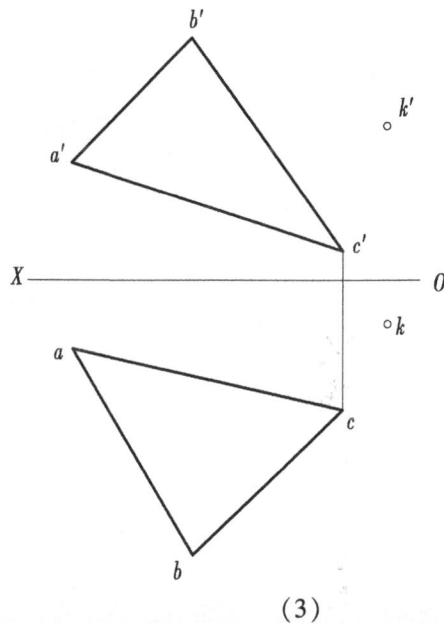

（1）

（2）

（3）

3-1　已知一般位置直线 AB，请将该直线变换成投影面平行线。

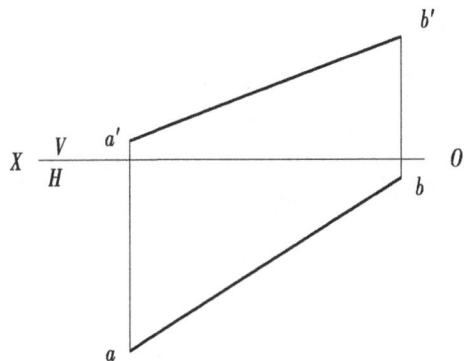

3-2　过点 M 作直线与直线 AB 正交。

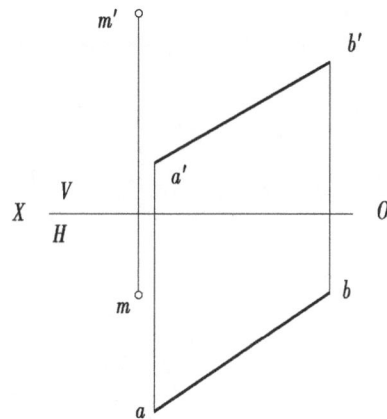

3-3　等边三角形 ABC 为一正垂面，已知一边 AB 的两面投影，完成三角形 ABC 的投影。

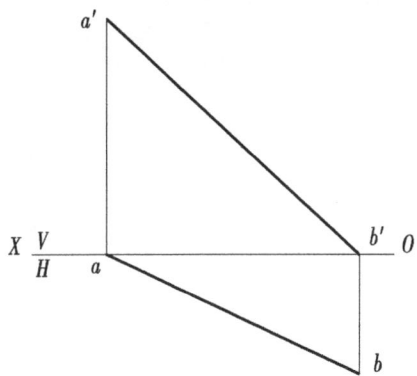

3-4　直线 MN 与平面 ABC 平行且相距 20 mm，已知平面 ABC 的两个投影及 MN 的正面投影，求作 MN 的水平投影。

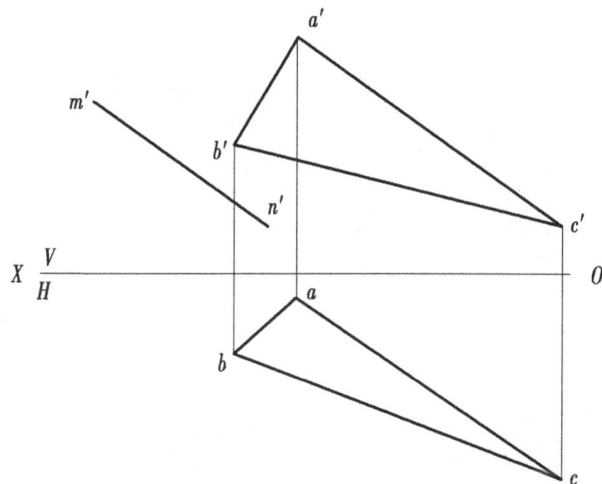

3-5　求点 E 到平面 ABC 的距离。

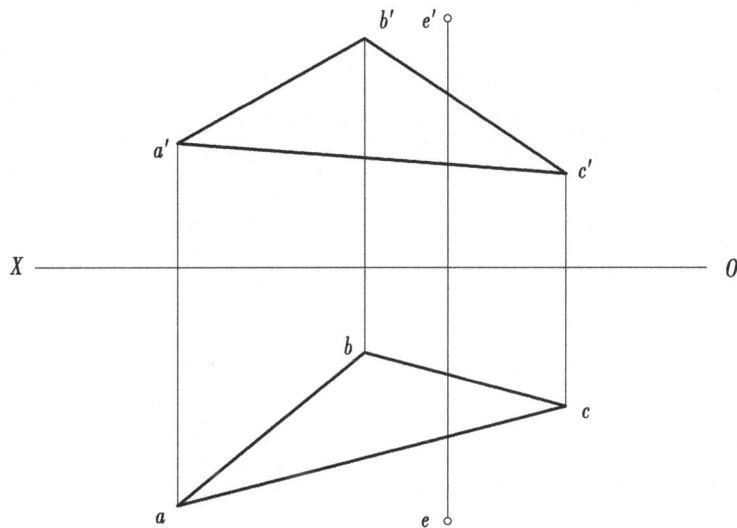

4-1 已知六棱锥的 H,W 面投影,完成其 V 面投影,补全表面上点的投影。

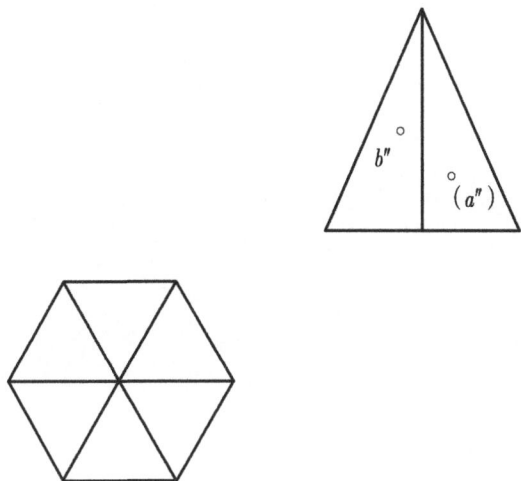

4-2 补全挡土墙的水平投影,并补画出表面上的点所缺的投影。

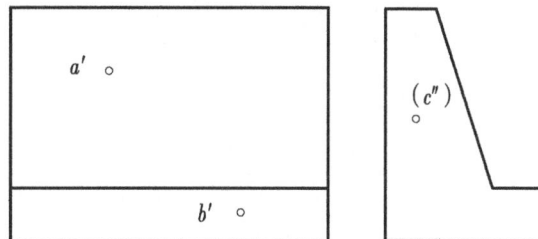

4-3 已知四棱柱表面的折线 $ABEC$ 的 V 面投影,完成其余两面投影。

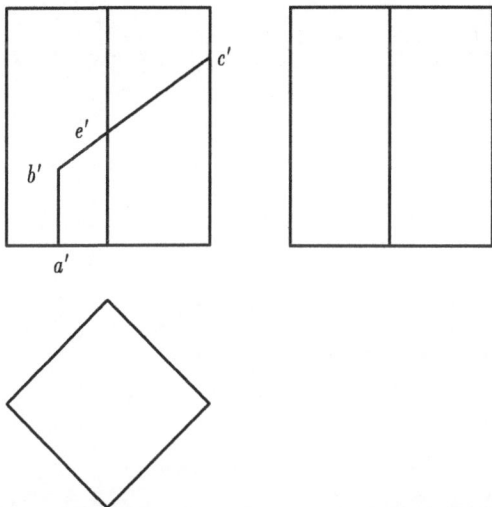

4-4 已知三棱柱的 H,W 面投影,补全其 V 面投影以及表面的折线 $FACED$-BF 的 H,V 面投影。

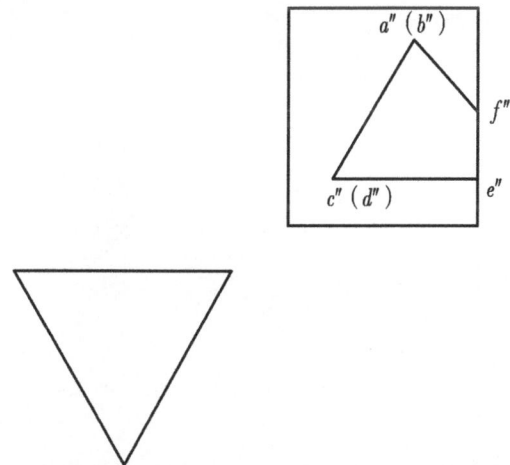

4-5　已知四棱台表面的折线 ABC 的正面投影,补全其余两面投影。

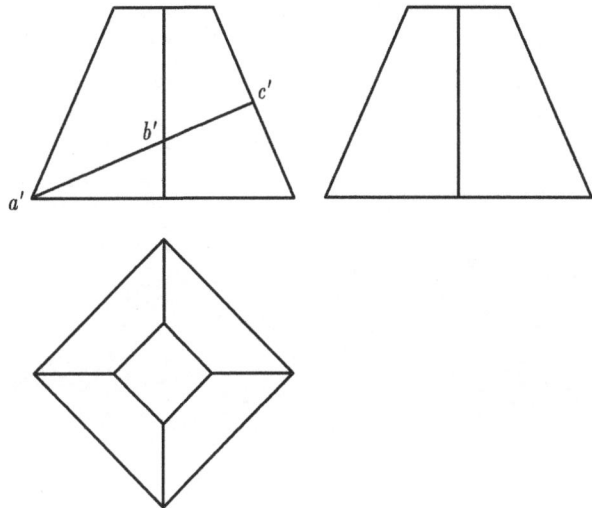

4-6　作三棱锥的侧面投影,并作出三棱锥表面上的折线 ABCD 的另两面投影。

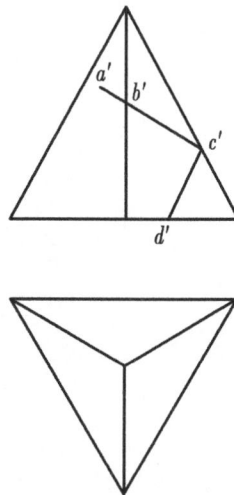

4-7　补出圆柱面上 A,B 两点其他的投影。

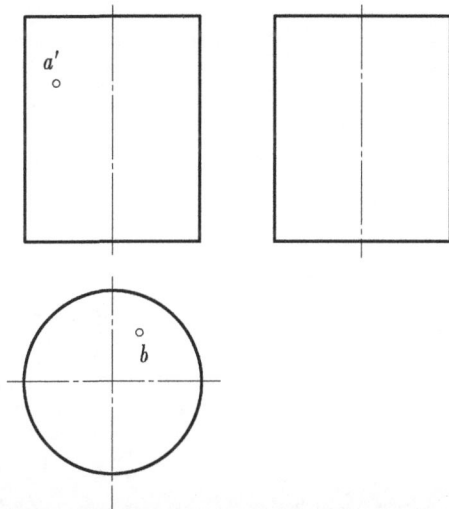

4-8　已知圆柱表面上的曲线 ABCD 的 V 面投影,求 H,W 面投影。

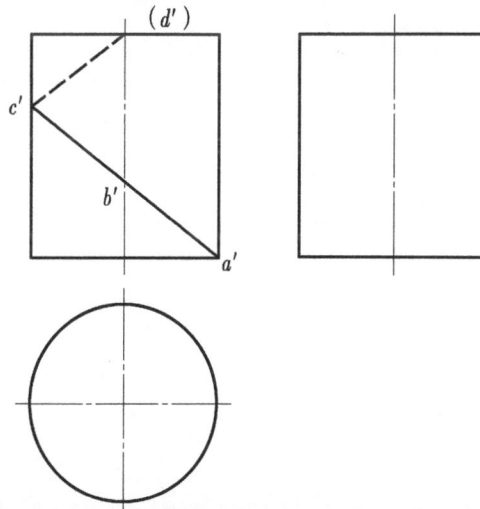

4-9 已知圆锥表面点 A, C 的 V 面投影以及 B 点的 H 面投影,完成其他投影。

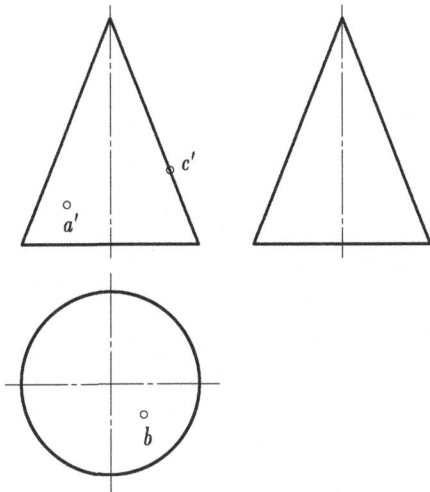

4-10 已知圆锥体表面的曲线 ABC 的 V 面投影,求它的 H 面以及 W 面投影。

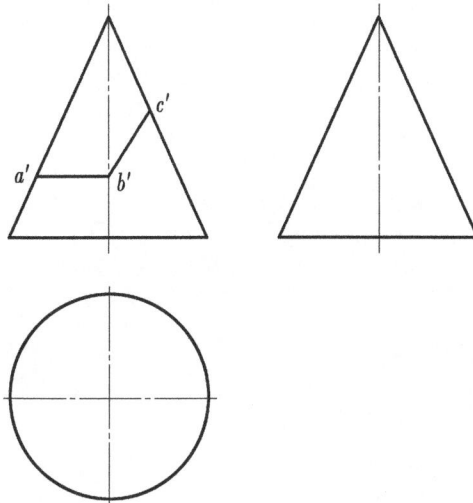

4-11 已知球体表面的点 M, N 的 V 面投影,完成其余两面投影。

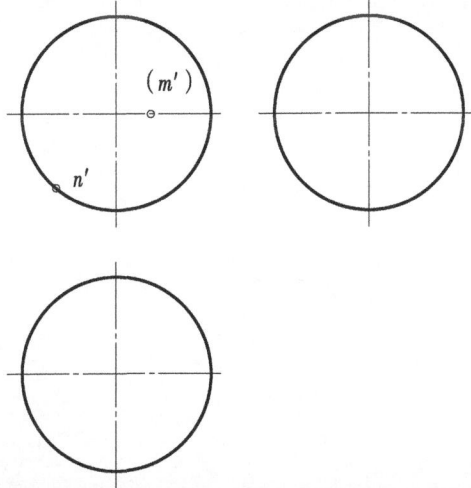

4-12 补全球体表面上的曲线的 H, W 面投影。

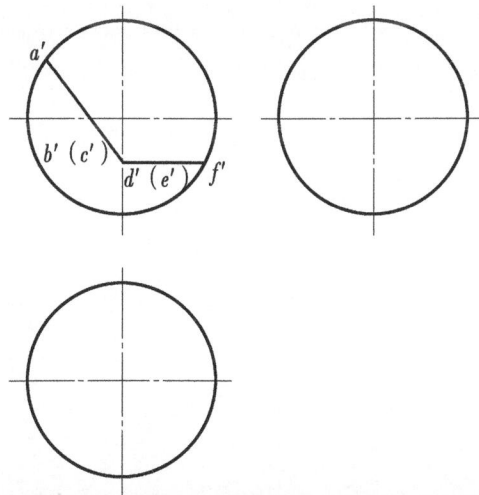

4-13 求截平面 P 与三棱柱的截交线。

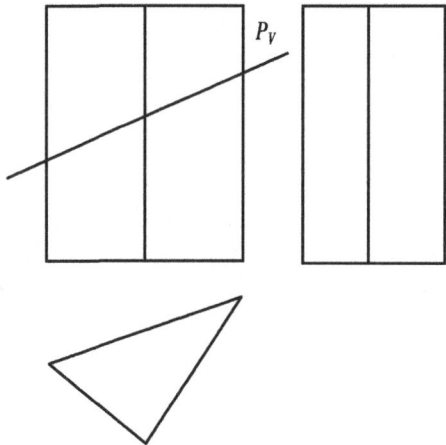

4-14 求截平面 P 与五棱柱的截交线。

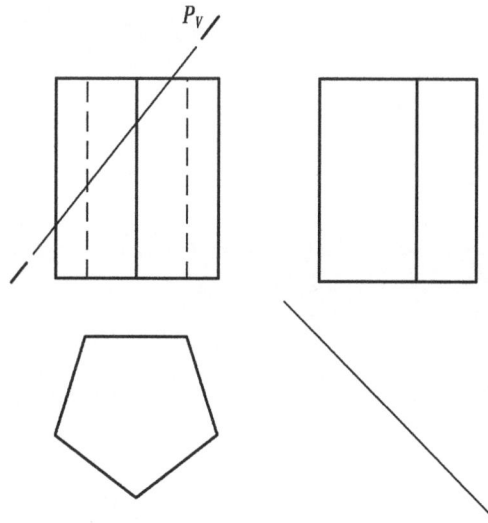

4-15 求截平面 P 与三棱锥的截交线的 H,W 面投影。

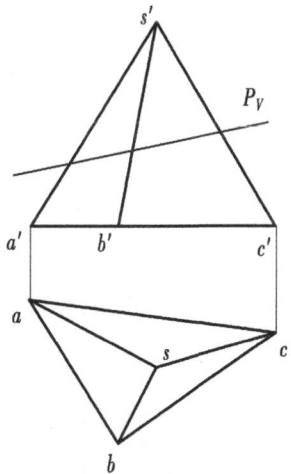

4-16 已知三棱锥切割体的正面投影,求作其他两面投影。

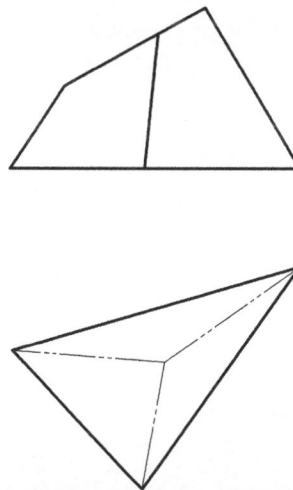

4-17 已知四棱锥切割体的正面投影,求其他两面投影。

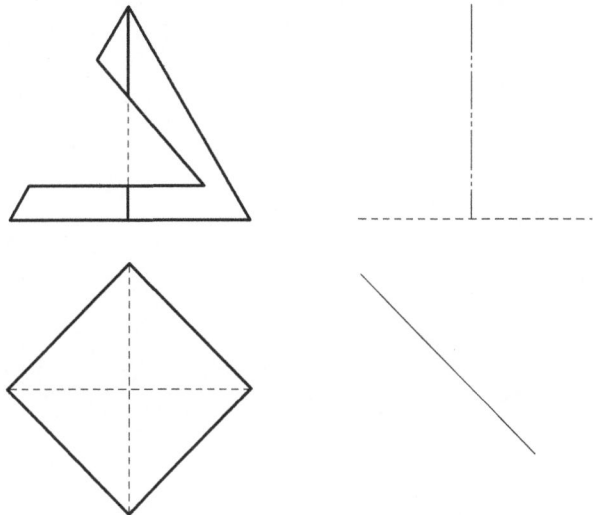

4-18 已知棱柱切割体的两投影,求 H 面投影。

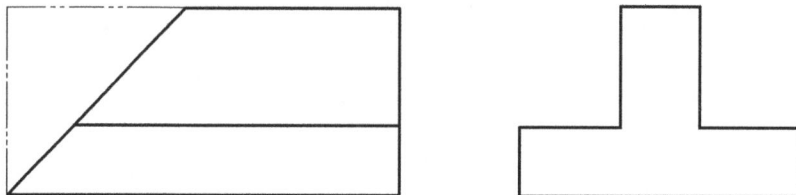

4-19 已知四棱柱被截割后的 V,W 面投影,求 H 面投影。

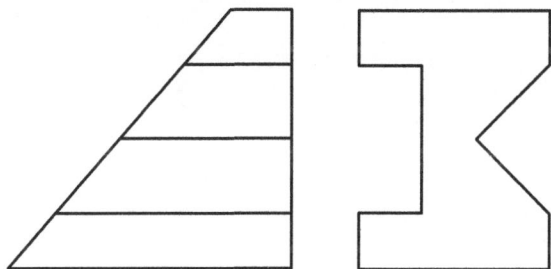

4-20 已知三棱锥切割体的正面投影,求作其他两面投影。

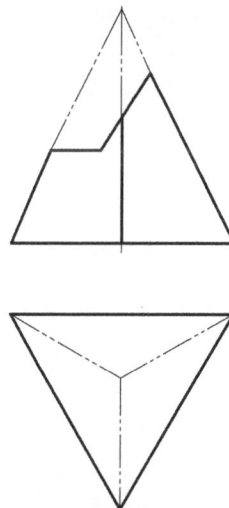

4-21　完成带缺口的三棱柱的 H,W 面投影。

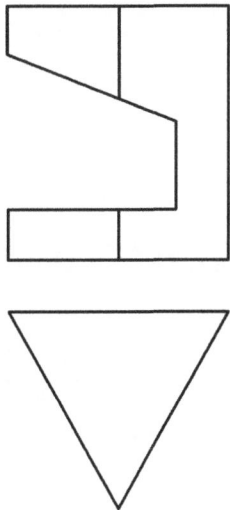

4-22　补全穿孔三棱锥的投影。

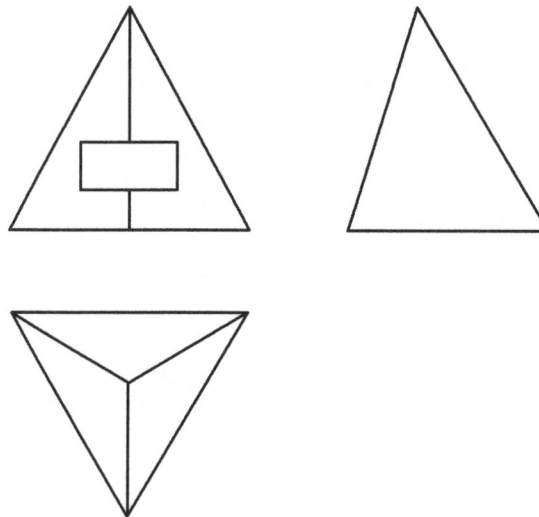

4-23　完成带缺口的正四棱台的 H,W 面投影。

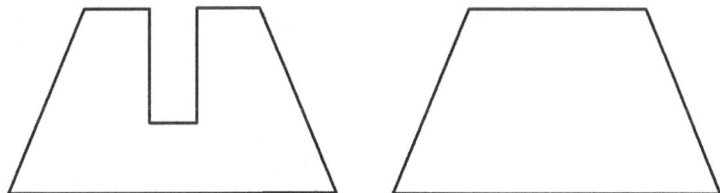

4-24　补全穿孔四棱锥的 H,W 面投影。

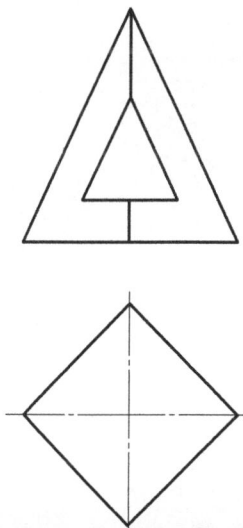

4-25　求作截平面 P 与圆柱的截交线。

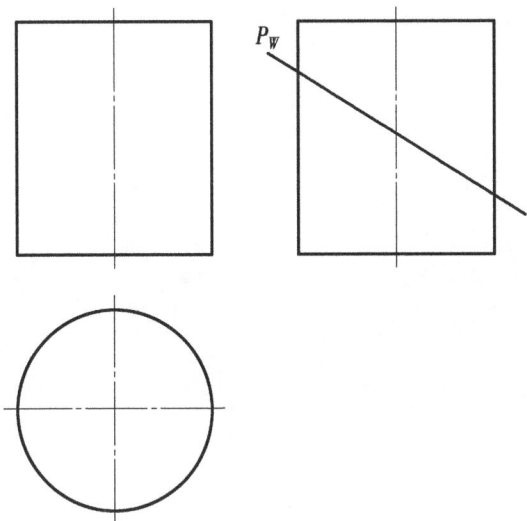

4-26　求作截平面 P 与圆柱的截交线。

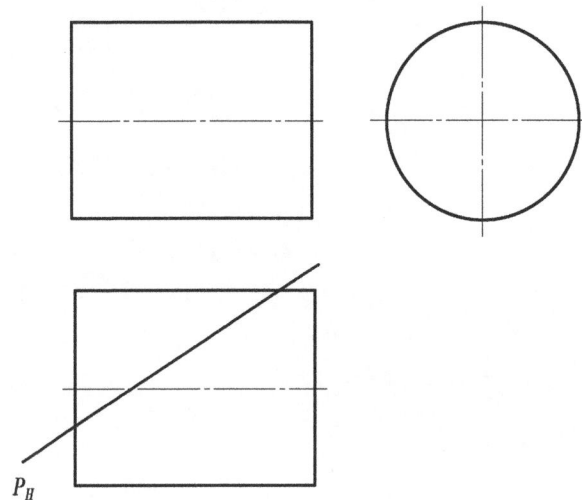

4-27　求作截平面 P 与圆锥的截交线。

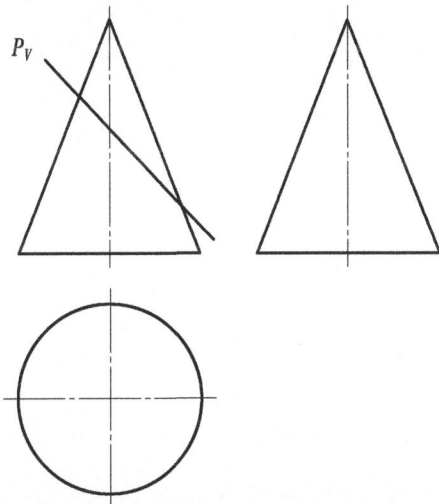

4-28　求作截平面 P 与圆锥的截交线。

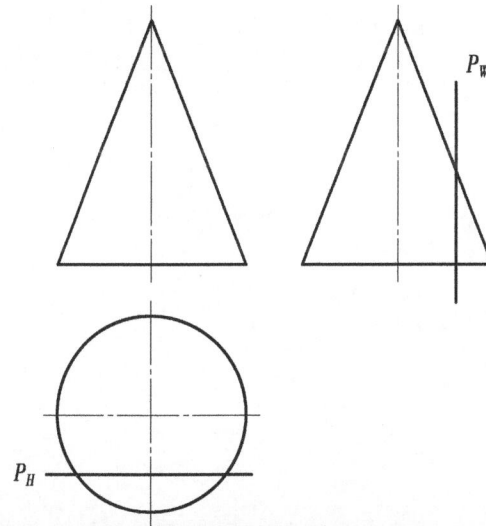

4-29　求作铅垂面 P 和球面的截交线。

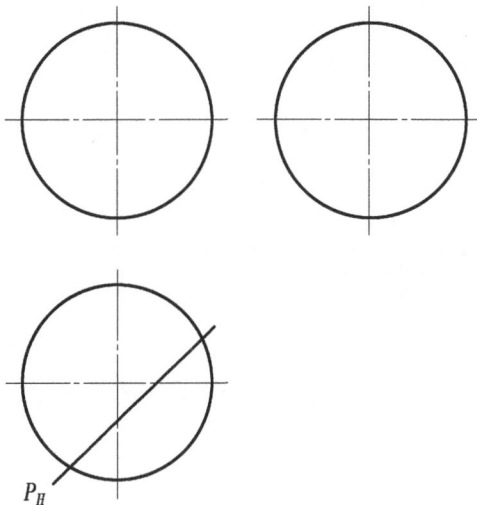

4-30　求作圆柱切割体的 H，W 面投影。

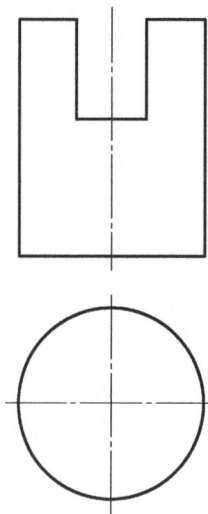

4-31　求作圆柱切割体的 H，W 面投影。

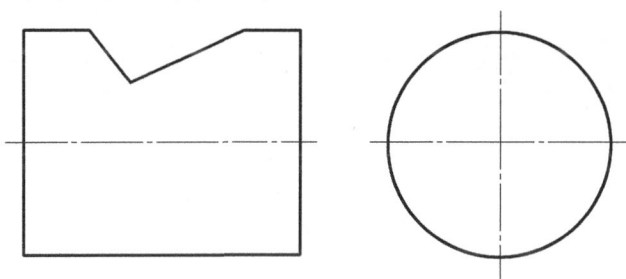

4-32　求作圆柱切割体的 H，W 面投影。

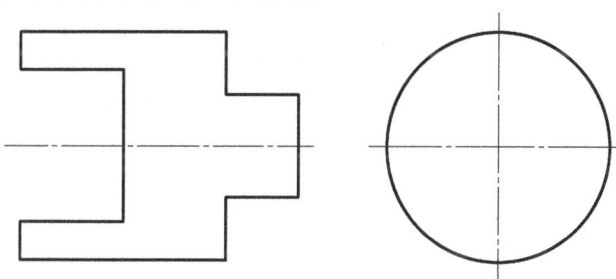

4-33 完成圆柱体被截割后的三面投影。

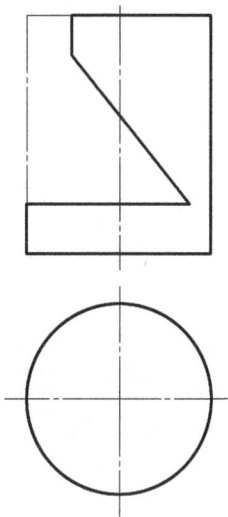

4-34 求作圆锥切割体的 H,W 面投影。

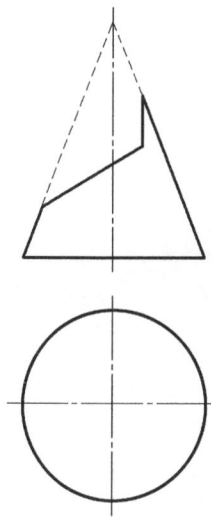

4-35 完成被截切的圆锥体的水平及侧面投影。

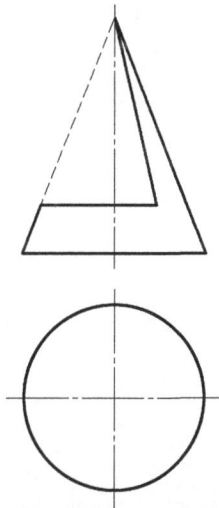

4-36 求作圆锥截切后的侧面投影,并补全水平投影。

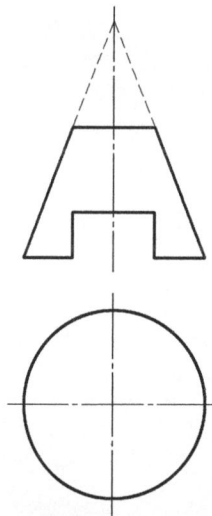

4-37 完成被截切的球体的水平及侧面投影。

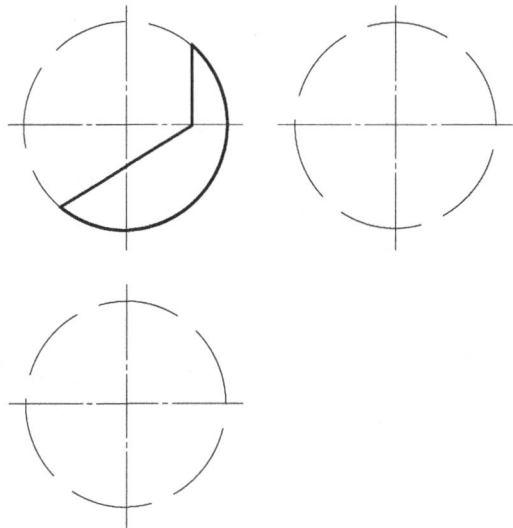

4-38 求作半球切割体的 H,W 面投影。

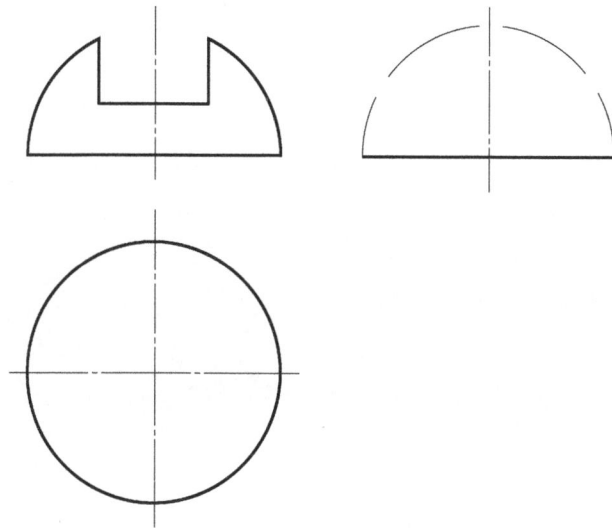

4-39 求直线与三棱柱的贯穿点。

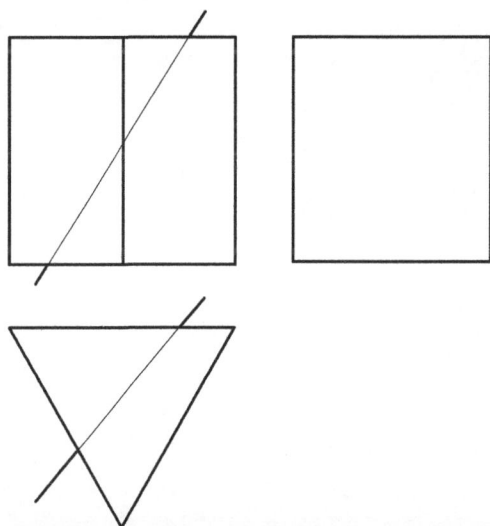

4-40 求直线与四棱锥的贯穿点。

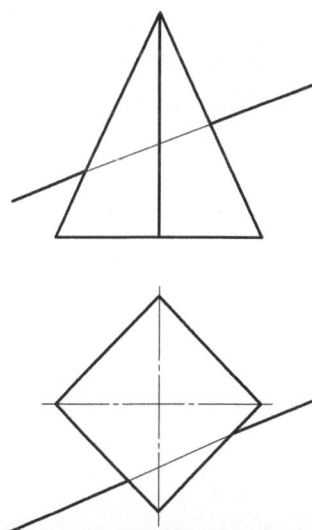

第 4 章　立体的投影	班级_____　姓名_____　学号_____　成绩_____　日期_____

4-41　求直线和圆柱的贯穿点。

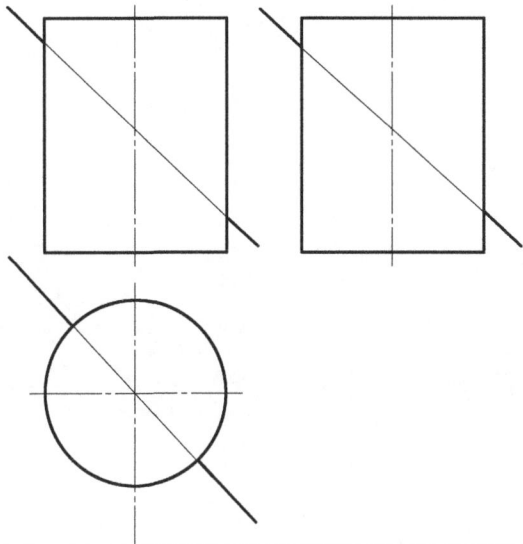

4-42　求直线和圆柱的贯穿点。

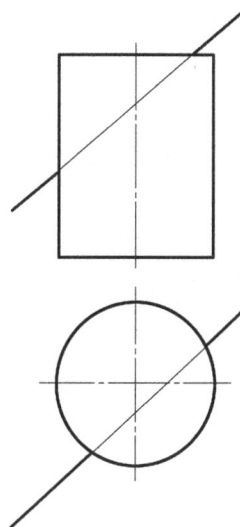

4-43　求直线 AB 与圆锥的贯穿点。

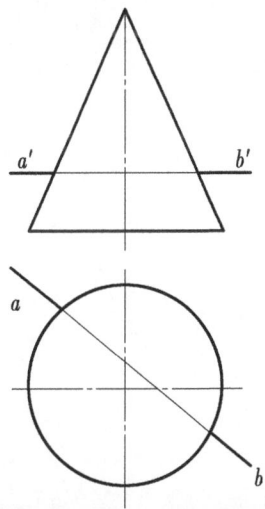

a′　　b′

a

b

4-44　求直线 AB 与圆锥的贯穿点。

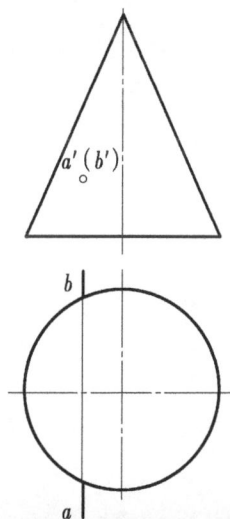

a′ (b′)

b

a

4-45 求直线 AB 与球的贯穿点。

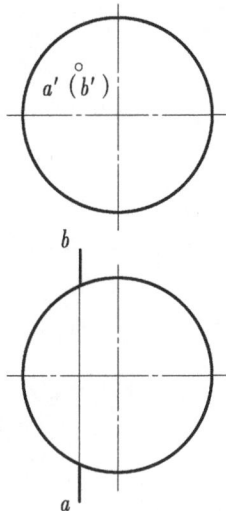

4-46 求直线 AB 与球的贯穿点。

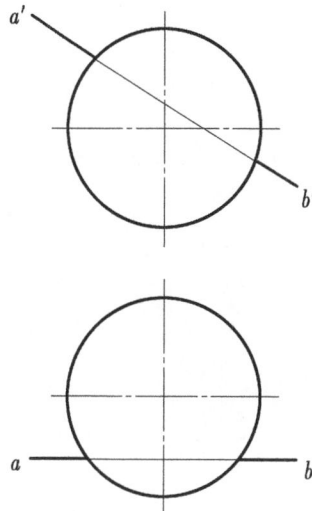

4-47 完成六棱柱和三棱柱相贯后的 V 面投影。

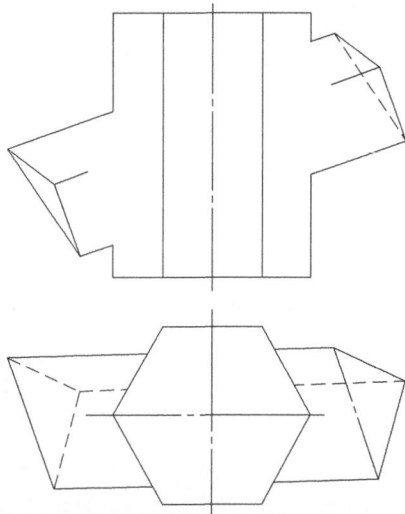

4-48 完成三棱柱与三棱锥的相贯线。

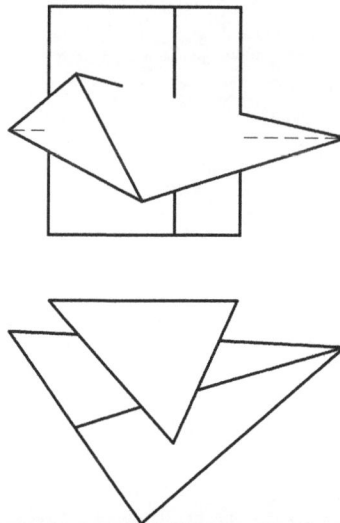

4-49　求作四棱柱与五棱柱的相贯线和相贯体的侧面投影。

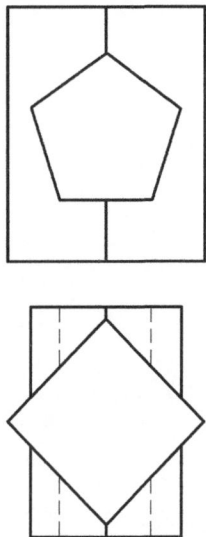

4-50　完成三棱柱与三棱锥的相贯线。

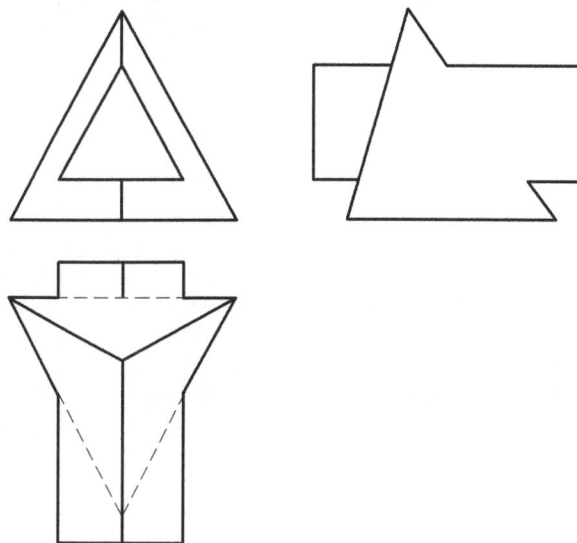

4-51　求作四棱柱和圆柱相贯后的投影。

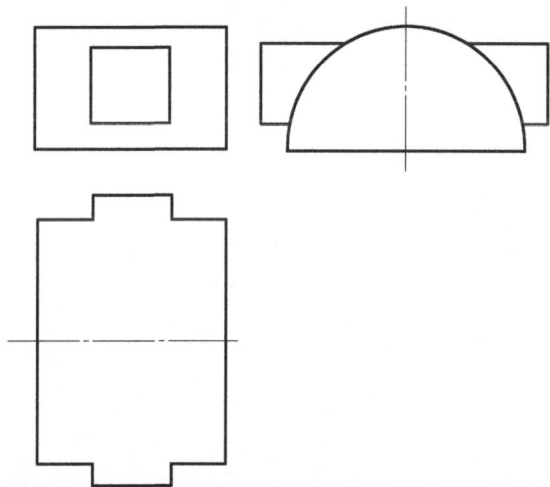

4-52　求作四棱柱和圆锥相贯后的投影。

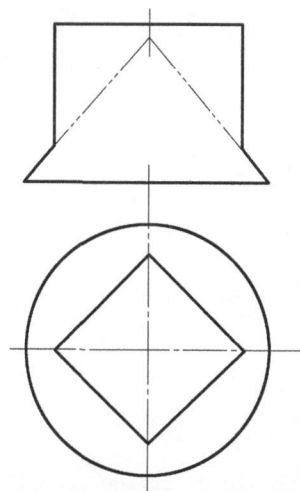

4-53　求作三棱柱与圆锥的相贯线。

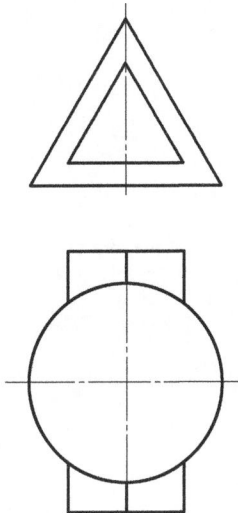

4-54　求作半圆球和四棱柱的相贯线。

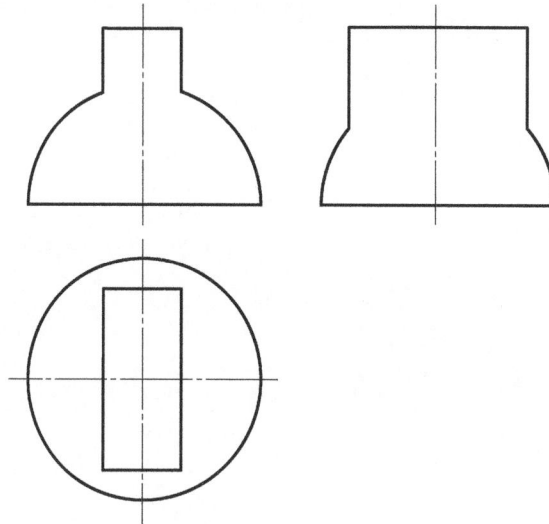

4-55　求作两圆柱相贯后的投影。

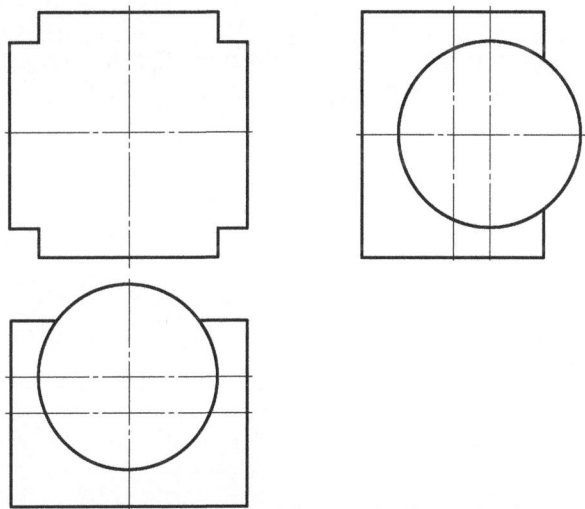

4-56　求作圆柱和圆锥相贯后的投影。

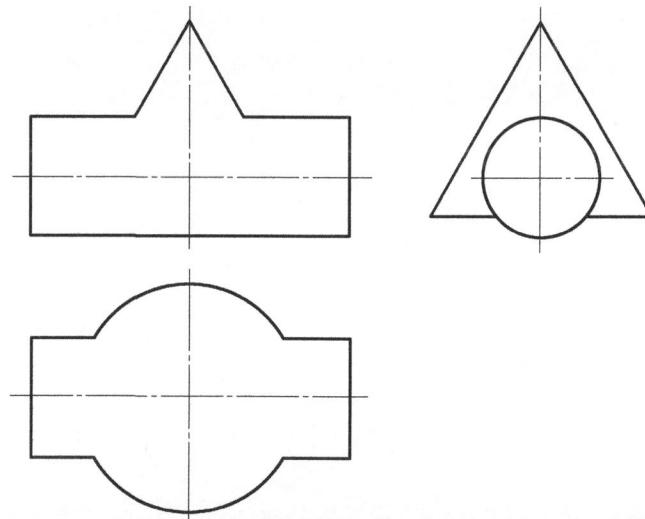

第5章 常用曲线与曲面

5-1 已知铅垂面 *P* 上的曲线的正面投影,求作该曲线的另两面投影。

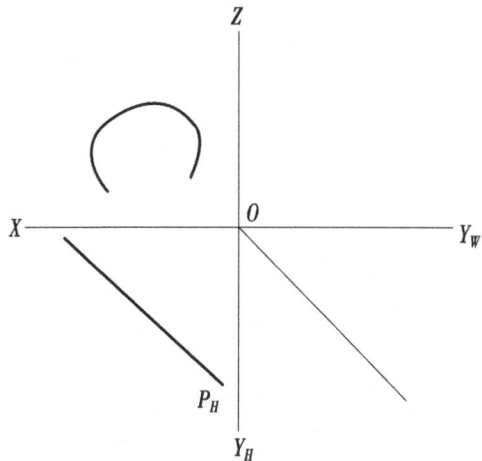

5-2 已知三角形平面上的曲线的正面投影,求作该平面曲线的水平投影。

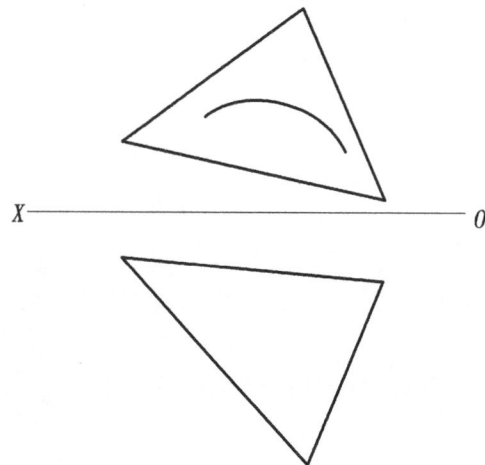

5-3 求作圆心为 *B* 点、直径为 20 mm 的水平圆的三面投影。

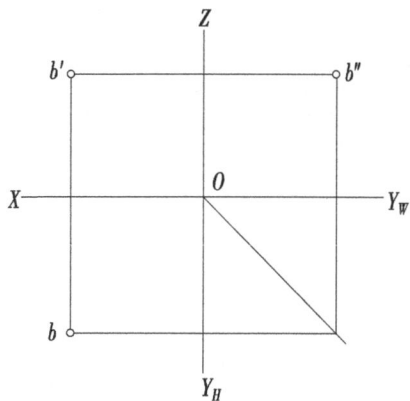

5-4 求作圆心为 *C* 点、直径为 20 mm 的正垂圆,圆平面的 α 为 30°,正平直径的方向从左下到右上,作出该圆的正面投影,并用换面法和连点法作出这个圆的水平投影。

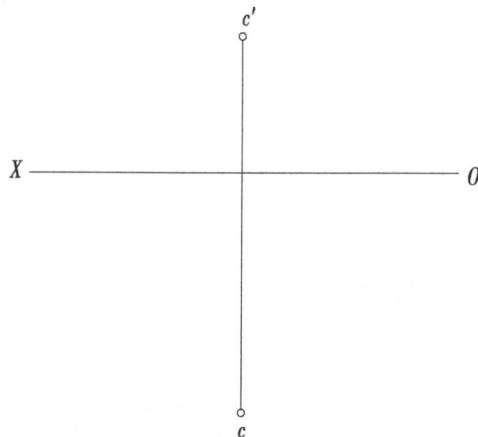

5-5 已知铅垂轴线以及与轴线在同一正平面内的两条素线的正面投影，求作回转面的正面投影。

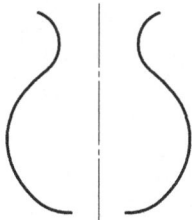

5-6 已知单叶双曲回转面的轴线 *AB* 和一条素线 *CD*，求作该回转面的两面投影。

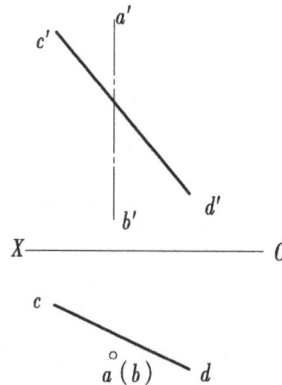

5-7 求作组合回转体与 *P* 平面的截交线。

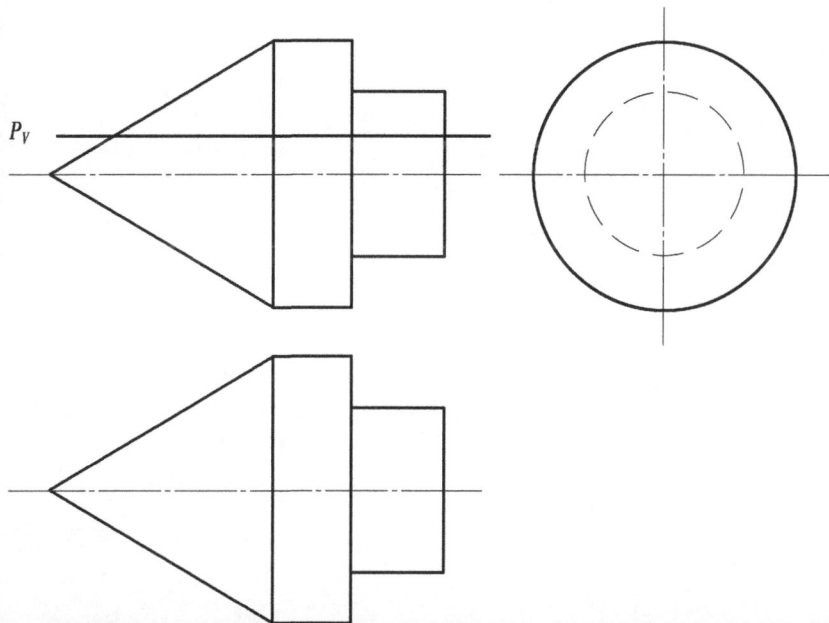

5-8 已知 3 个同轴回转体叠加组成的组合回转体，求作其侧面投影以及组合体与 *P* 平面的截交线。

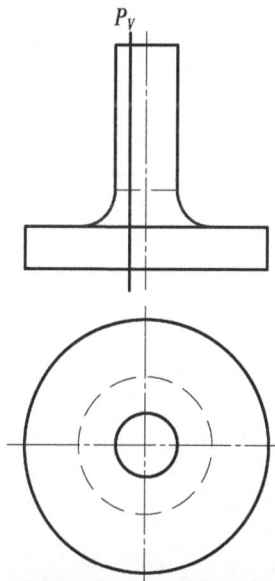

5-9　已知由上下两个大小不同的长圆形顶面和底面,以及两端为左右对称的半圆台侧表面和前后分别与它们相切的侧垂面矩形所围成的桥墩的两面投影,求作桥墩的侧面投影。

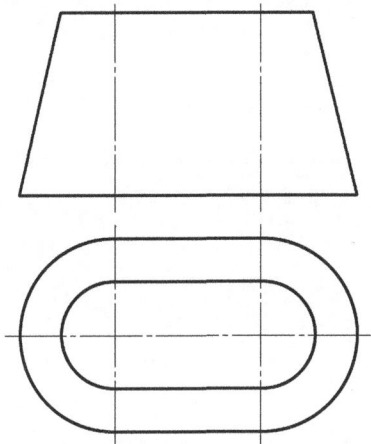

5-10　锥面的锥顶为 S,导线是圆心为 O、直径为 20 mm 的水平圆周,求作该锥面的两面投影。

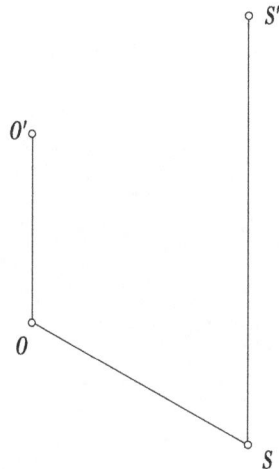

5-11　锥状面的直导线为 AB,曲导线为以 C 点为圆心的水平圆,导平面为 V 面,完成该锥状面的三面投影。

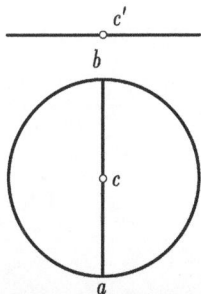

5-12　柱状面的导线为正立面的半圆 DEF 和曲线 ABC,导平面为侧平面,完成该柱状面的三面投影。

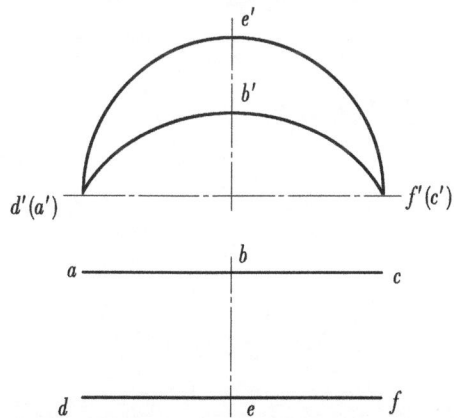

5-13　已知双曲抛物面的导线 AB, CD 和铅垂的导平面 P, 求作双曲抛物面的两面投影。

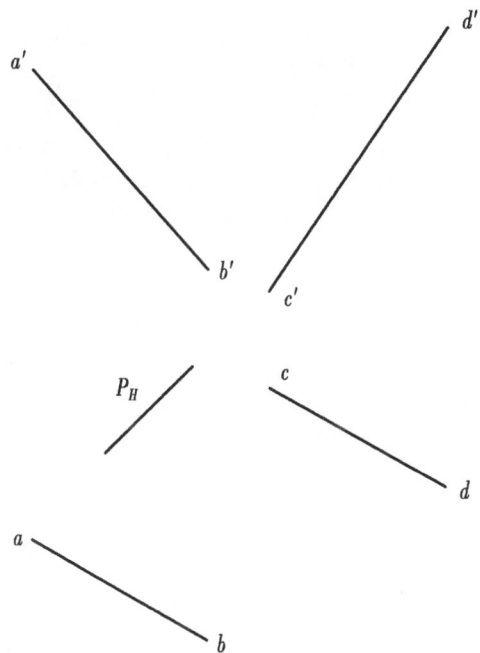

5-14　已知左旋圆柱螺旋线的半径 r 与导程 s, 右端点为 A, 完成该圆柱螺旋线在一个导程范围内的两面投影。

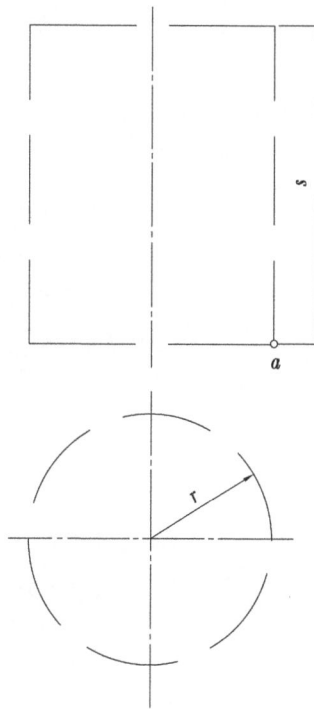

第 5 章　常用曲线与曲面

5-15　已知半个导程高的一段右旋螺旋方管的轴线和右下端管口的两面投影,这段螺旋方管的水平投影,并知螺旋方管的导程为管口边长的 12 倍,求作这段螺旋方管的正面投影。

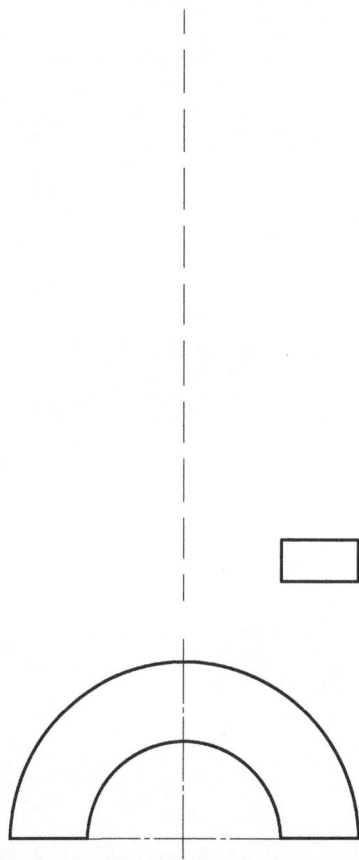

5-16　已知具有立柱的在一个导程范围内的一段右旋螺旋楼梯的水平投影,在正面投影中给出了平螺旋面楼梯板的厚度、踏步高,还给出了第一级踏步的踢面的两面投影,作出这段螺旋楼梯在一个导程范围内的正面投影。

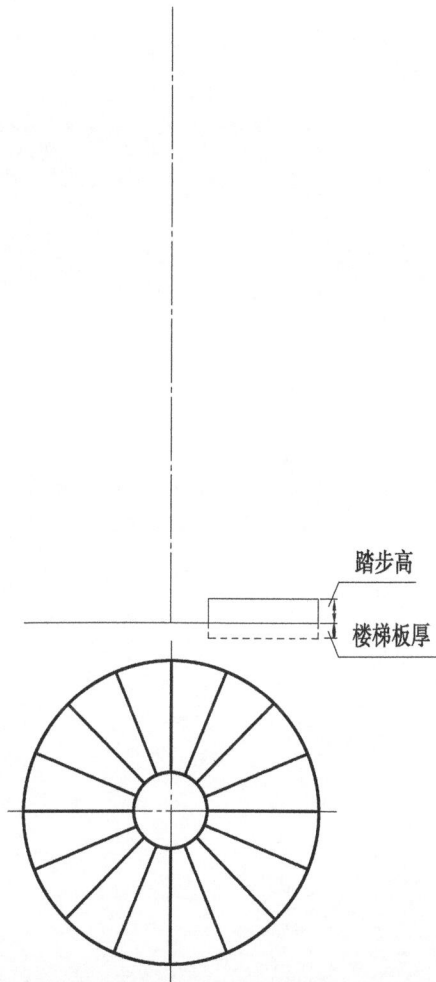

踏步高

楼梯板厚

第 6 章 标高投影	班级＿＿＿＿　姓名＿＿＿＿　学号＿＿＿＿　成绩＿＿＿＿　日期＿＿＿＿

6-1　标高投影和正投影法有何不同?

6-2　作标高投影时,需要注意哪些事项?

6-3　平面的标高投影一般采用哪几种方法? 请分别说明。

6-4　抄绘并理解教材第 6 章图 6.14 土坝与河岸连接处的标高投影图。

6-5 如图所示,已知直线 AB 的标高投影 $a6b2$,求直线上 C 点的标高。

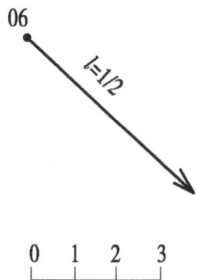

06

i=1/2

0　1　2　3

6-6 已知平面内一条等高线和坡度线的方向,作出平面内的其他等高线。

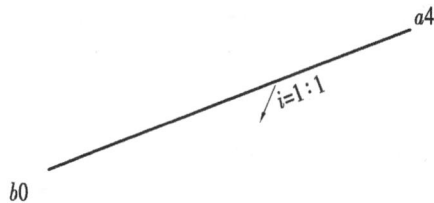

a4

$i=1:1$

b0

6-7 根据等高线,指出下列图形分别代表什么地貌。

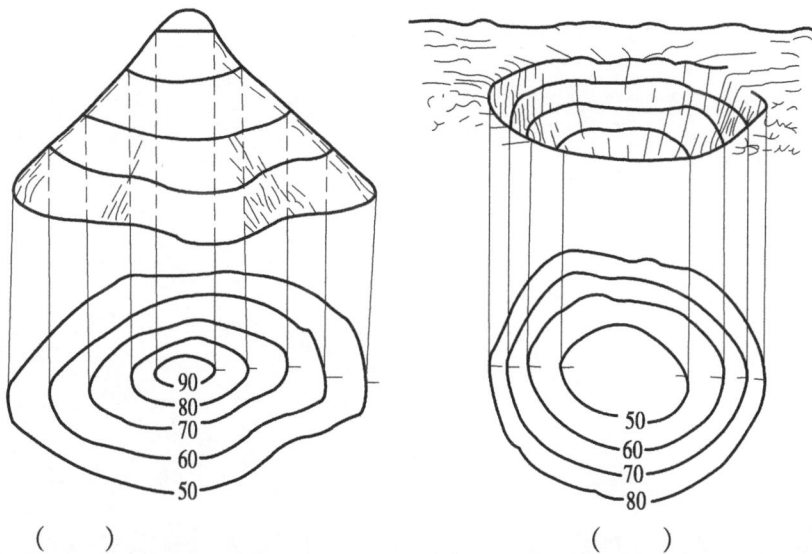

90
80
70
60
50

(　　)

50
60
70
80

(　　)

6-8 已知平台顶面高程6.00,地面高程为2.00,求作坡面间的交线及坡面与地面的交线。

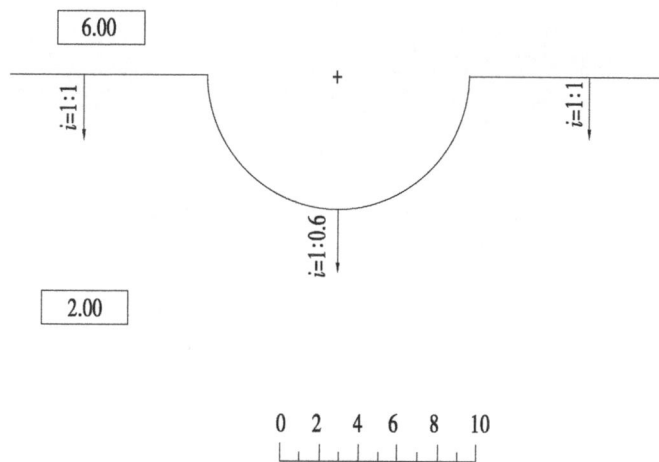

6.00

$i:1:1$

$i:1:1$

$i:1:0.6$

2.00

0　2　4　6　8　10

第7章　制图的基本知识	班级_____　姓名_____　学号_____　成绩_____　日期_____

7-1　按教材第7章表7.5,练习仿宋体字基本笔画的写法。

横：

竖：

撇：

捺：

挑：

点：

钩：

7-2　按教材图7.9抄绘数字和字母的一般字体。

7-3　按仿宋体书写字帖2~5张。

7-4　抄绘教材第9章某一个建筑施工图(任课教师指定)。

7-5　标注以下图形的尺寸(已知总长610,左右各120;总高150,其中高度方向上40,下110)。

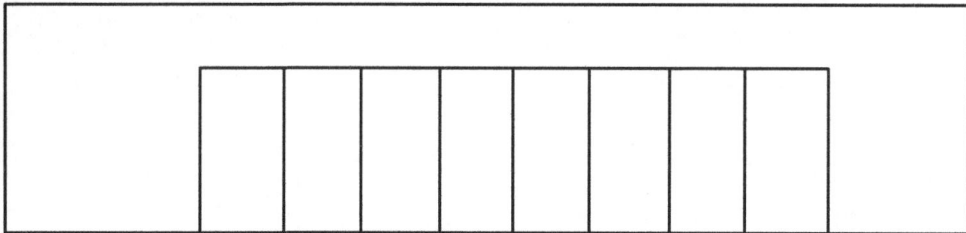

7-6　指出下列尺寸标注的错误。

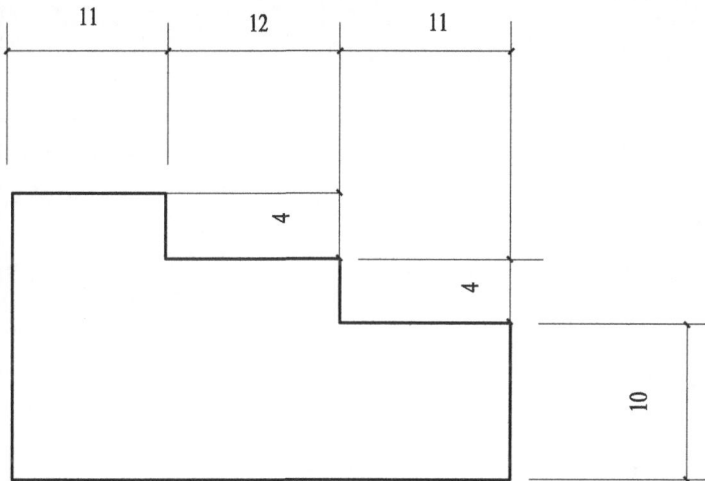

11　　12　　11

4

4

10

7-7　作连接弧,使得直线 AB 与圆内切。

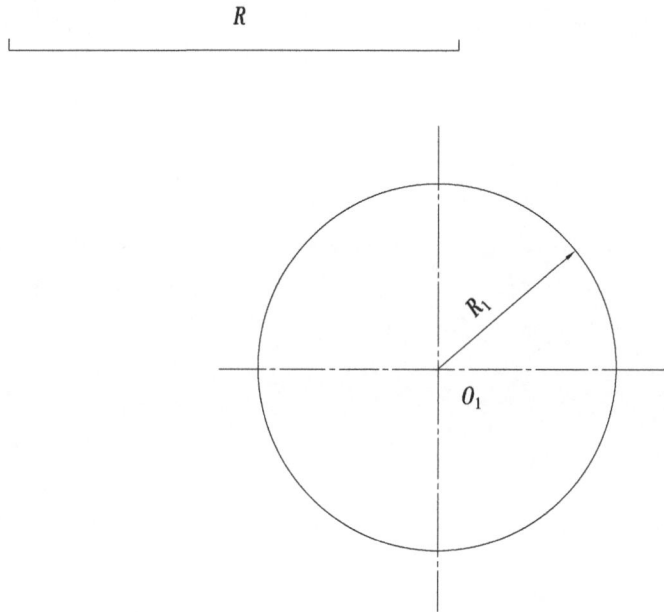

R

R_1

O_1

A　　　　　　　　　　　　　　　　　　　B

7-8　5 等分直线线段 AB。

A　　　　　　　　　　　　　　　　B

8-1　已知正面图和平面图,选择一个正确的 1—1 剖面图。

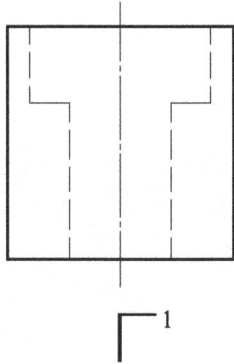

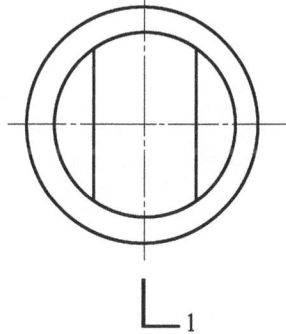

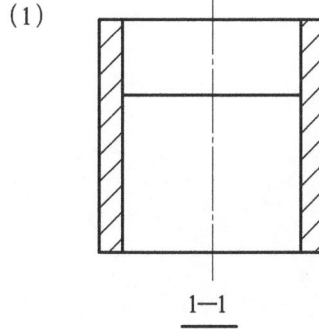

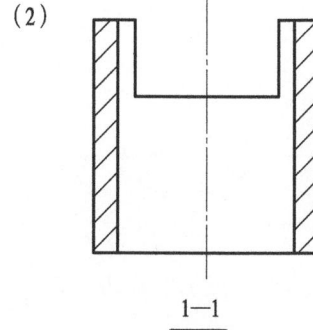

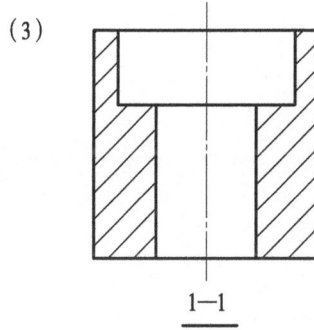

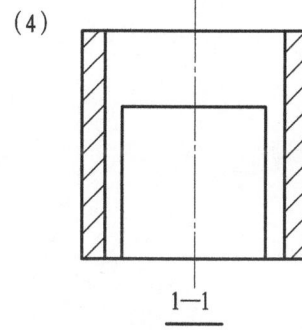

8-2 补全图中应画的图线。

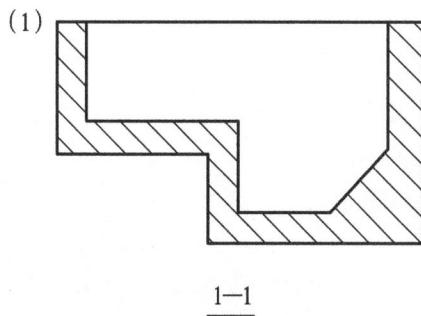

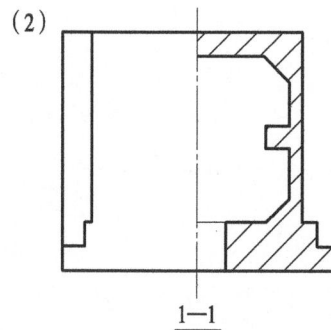

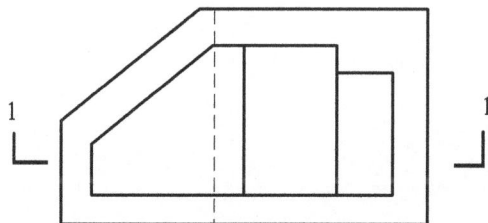

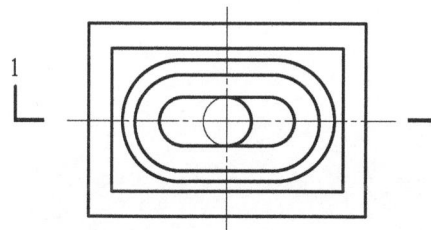

(1)

1—1

(2)

1—1

1   1

1   1

8-3　作出组合体的 1—1 剖面图。

(1)

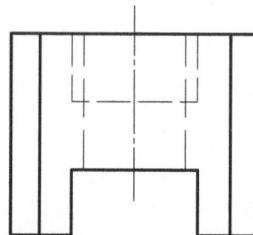

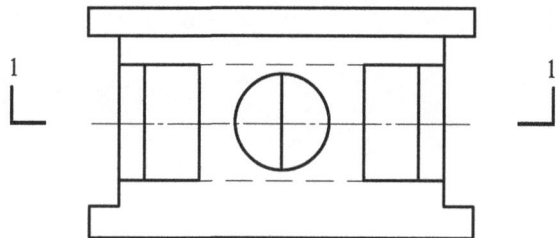

(2)

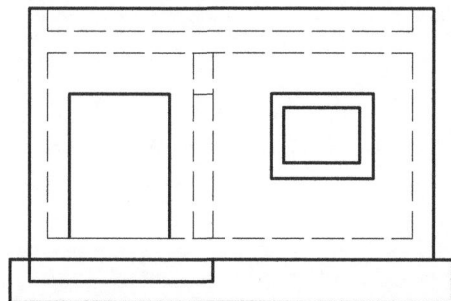

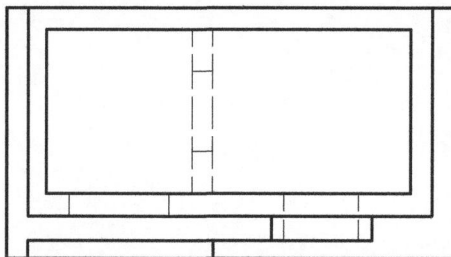

8-4 作出组合体的 2—2 剖面图。

(1)

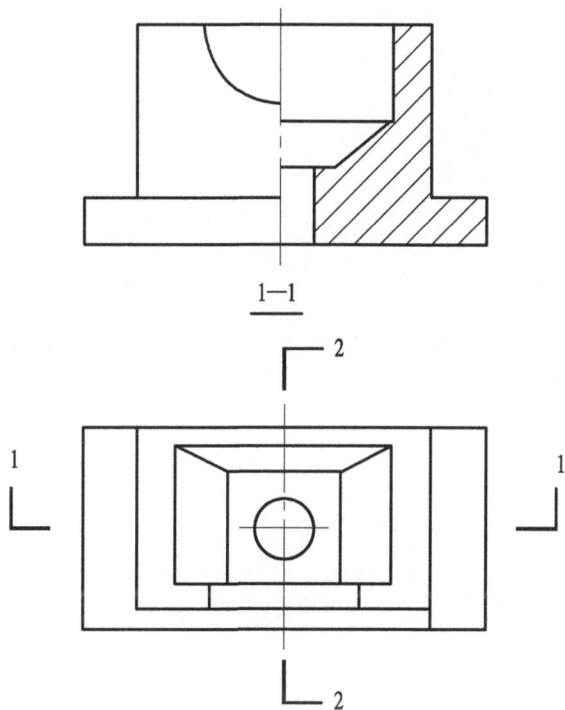

1—1

(2)

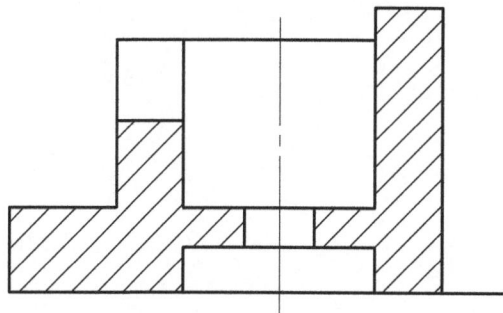

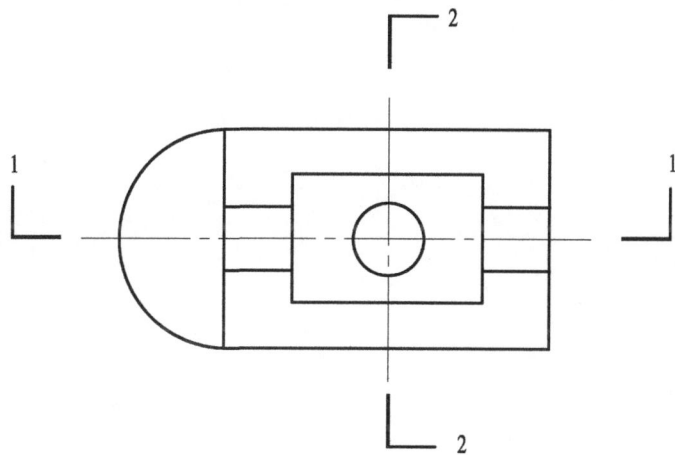

8-5　作出组合体的 1—1,2—2 剖面图。

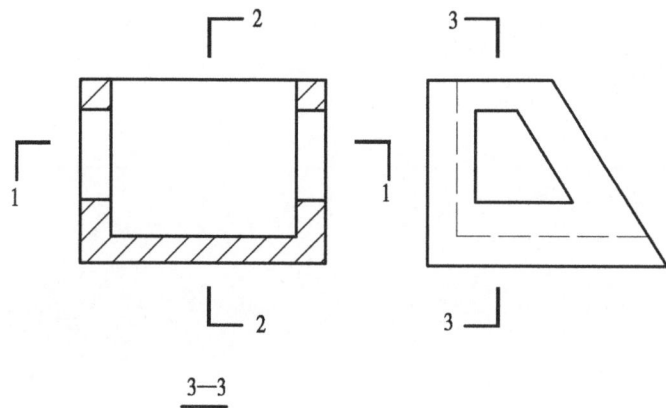

3—3

8-6　作出组合体的 2—2，3—3 断面图。

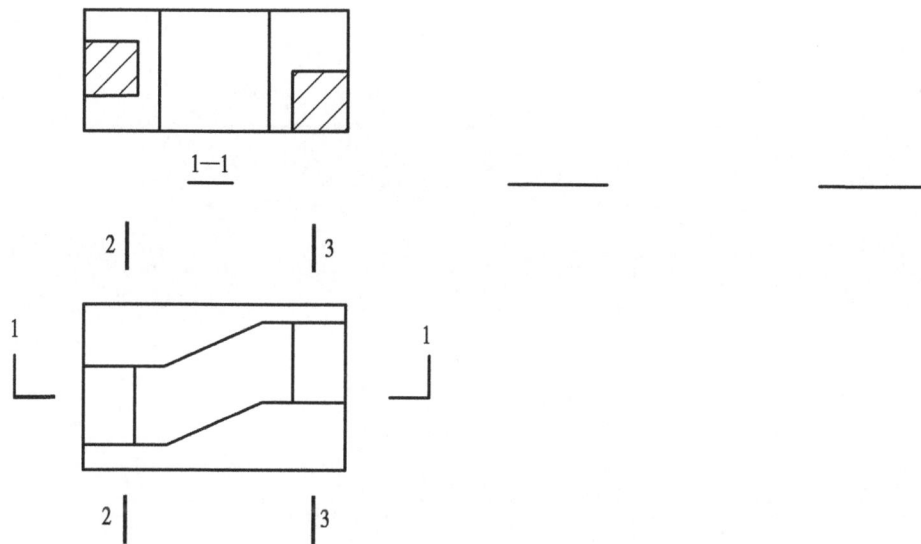

1—1

2   3

1   1

2   3

8-7　作出组合体的 1—1 , 2—2 剖面图。

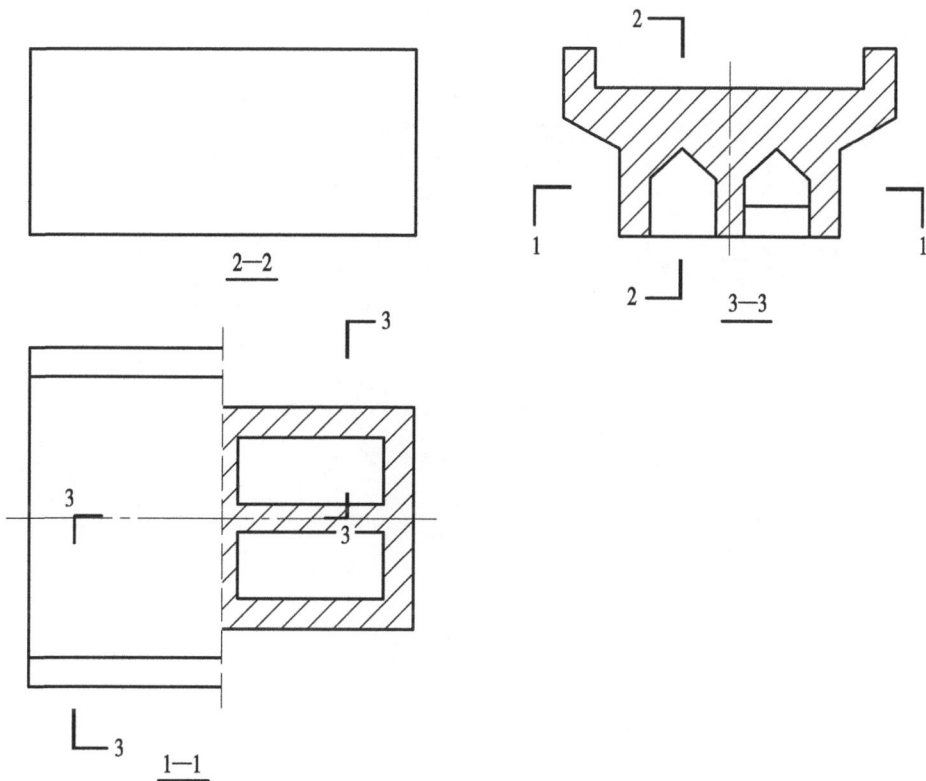

2—2

3—3

3—3

1—1

8-8　作出组合体的 1—1,2—2 断面图。

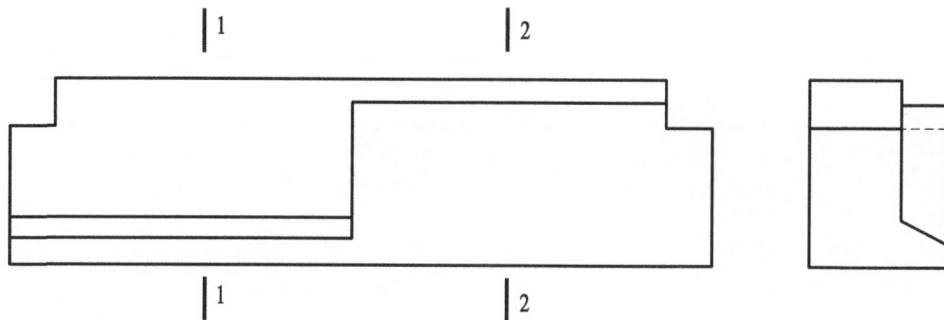

8-9　作出组合体的 1—1,2—2 断面图。

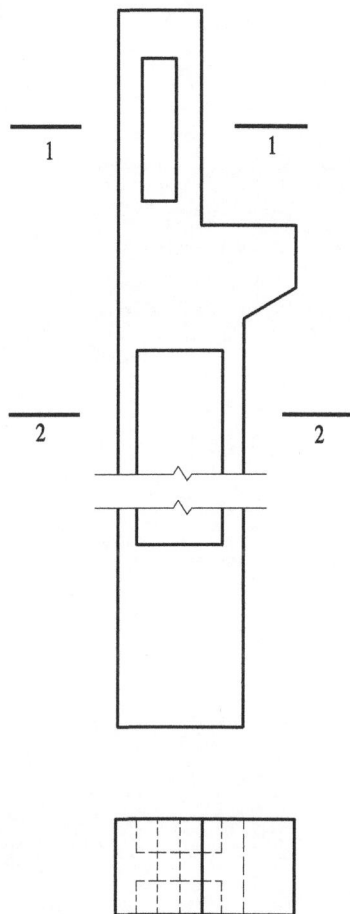

抄绘某小学楼平面图、立面图、剖面图作业指导书

一、要求

　　按 1∶50 的比例,用 A2 图幅抄绘某小学平面图、立面图、剖面图。

二、步骤

　　1. 绘图幅、图框、图标的底稿线。

　　2. 布置图面:定出平面图、立面图、剖面图位置。

　　3. 画平面图、立面图、剖面图底稿线。

　　4. 按各图的线型要求加深图线。

　　平面图:凡剖切到的墙体轮廓线画粗实线,其粗度为 b。门的开启符号线为中实线,粗度为 $0.5b$。窗的图例符号线及其他未剖切到的投影可见轮廓线为细实线,粗度为 $0.25b$。

　　立面图:室外地平线为特粗线,粗度为 $1.4b$。立面图的主要轮廓线为粗实线,粗度为 b。立面图的可见次要轮廓线(如沿口线、勒脚线、墙或柱的棱线,门洞、窗洞及窗台等)用中实线,粗度为 $0.5b$。门扇、窗扇的分隔线、墙面符号线等用细线,粗度为 $0.25b$。

　　剖面图:与平面图相似,凡剖切到的轮廓线用粗实线,粗度为 b;其余未剖切到的投影可见轮廓线及门窗图例符号线用 $0.25b$ 细实线。

　　此外,轴线、尺寸线等用 $0.25b$ 细实线,尺寸起止符号用 $0.5b$ 中实线画出。

　　最后标注尺寸,书写图中文字,填写图标,修整图画,完成全图。

9-1

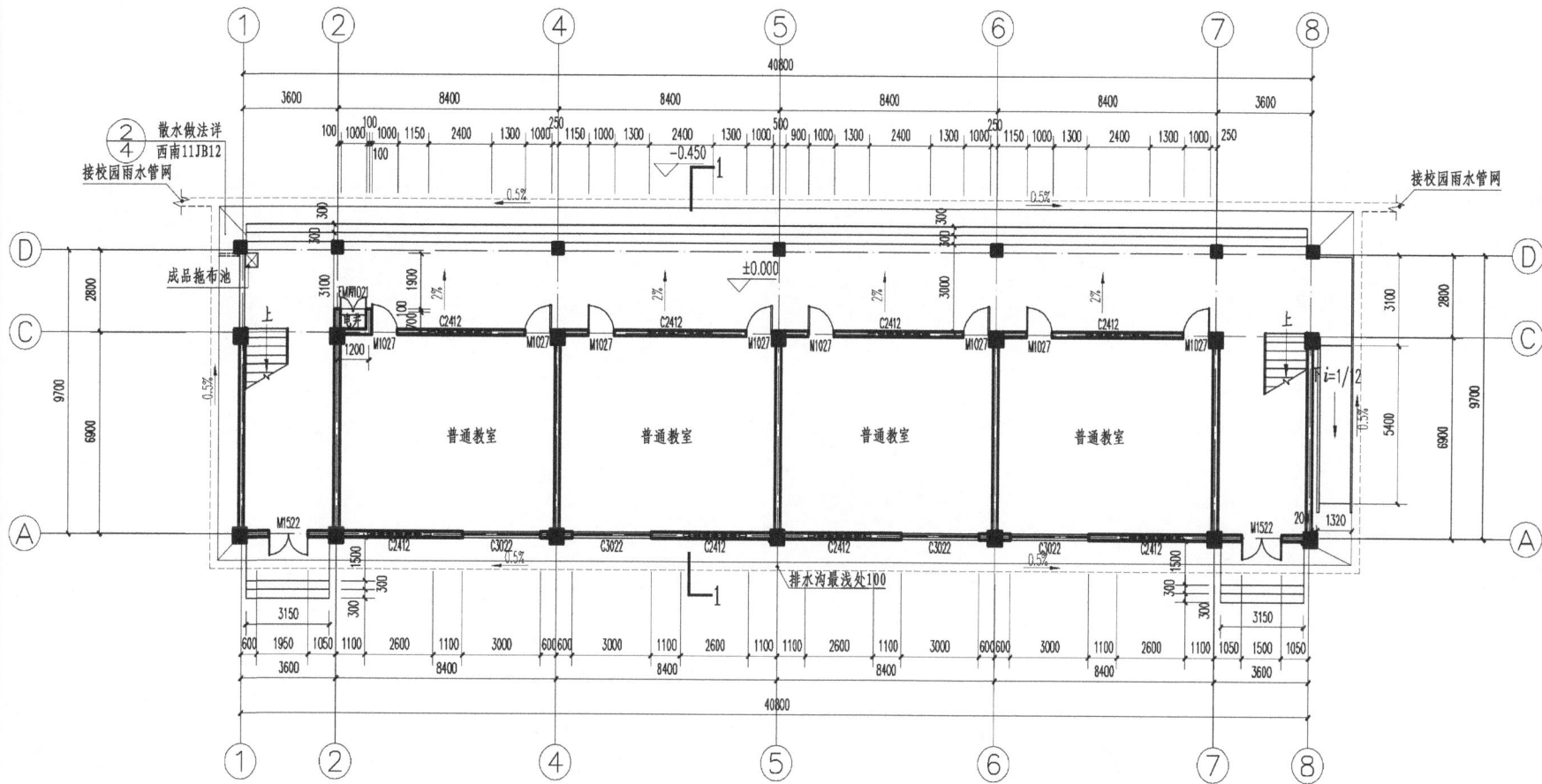

一层平面图1:100

9-2

准备室

美术教室

准备室

书法教室

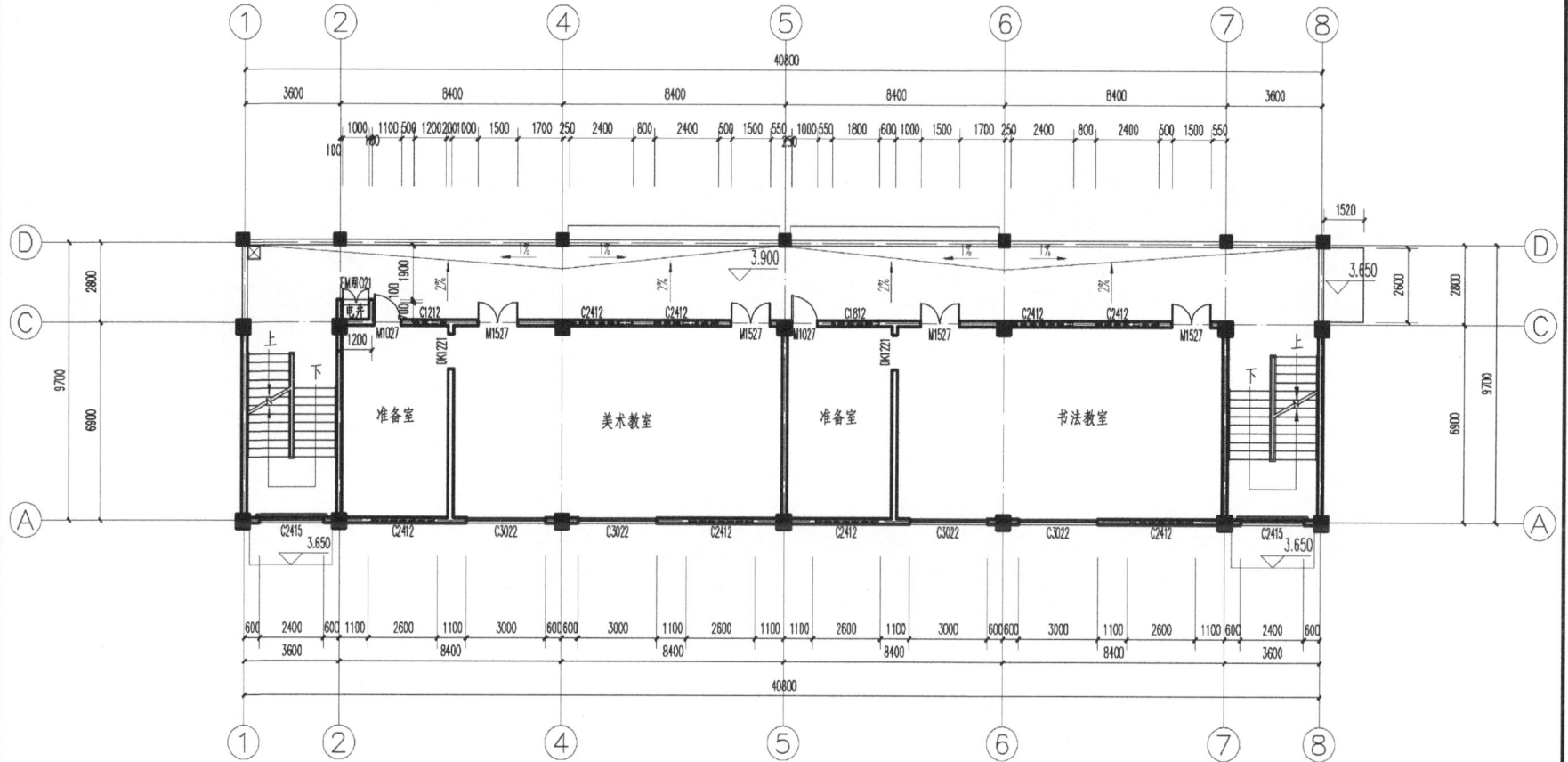

二层平面图1:100

9-3

成品拖布池

150高门槛

教室高窗距楼地面2000
(未注余同)

7.800

上　下

准备室

科学教室

准备室

计算机教室

下　上

C2415　C2412　C3022　C3022　C2412　C2412　C3022　C3022　C2412　C2415

C1212　C2412　C2412　C1812　C2412　C2412

M1527　M1027　M1527　M1527　M1027　M1527　M1527

DK1221　DK1221

M1027

40800

3600　8400　8400　8400　8400　3600

9700

6900

2800

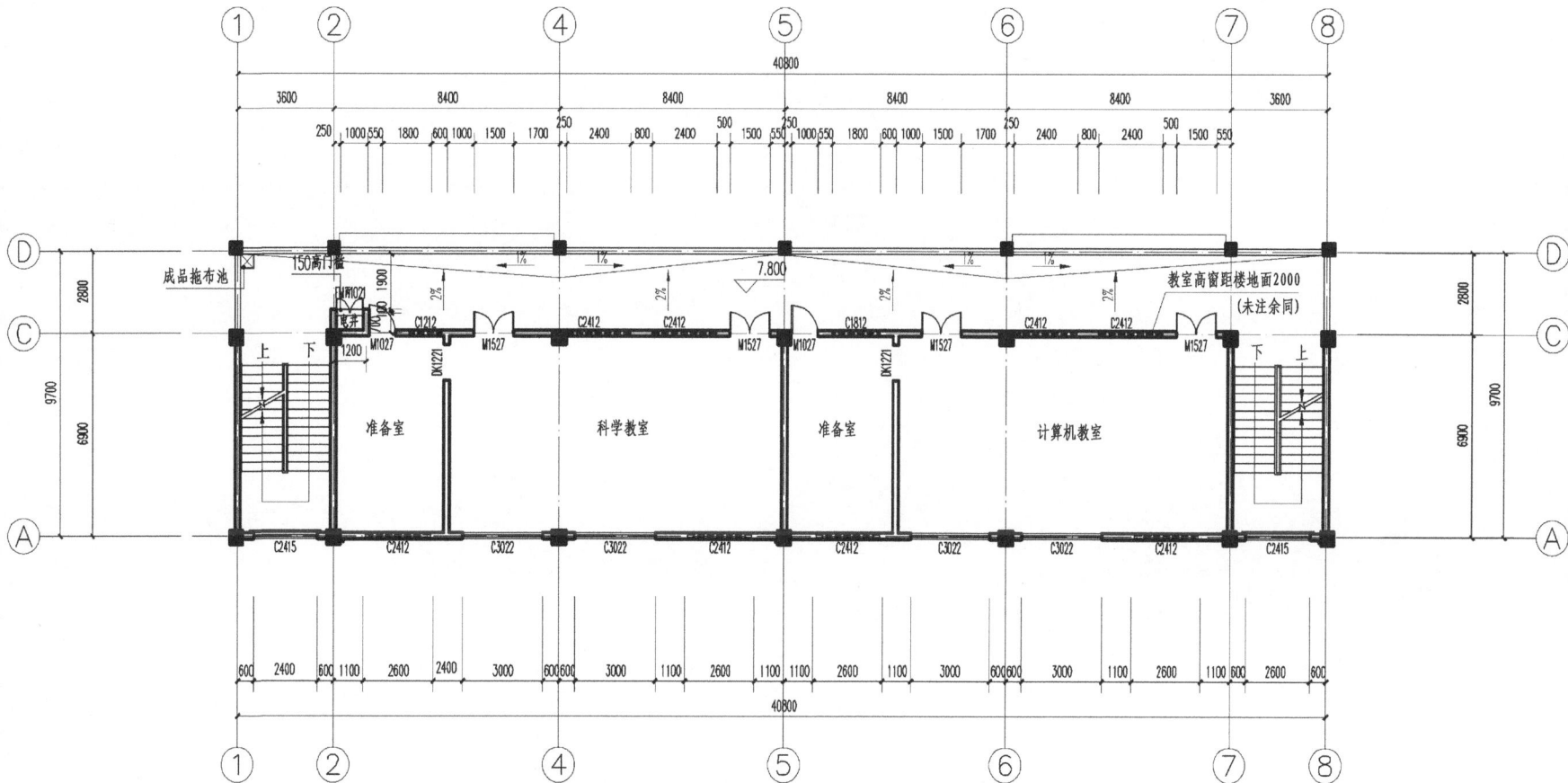

三层平面图1:100

9-4

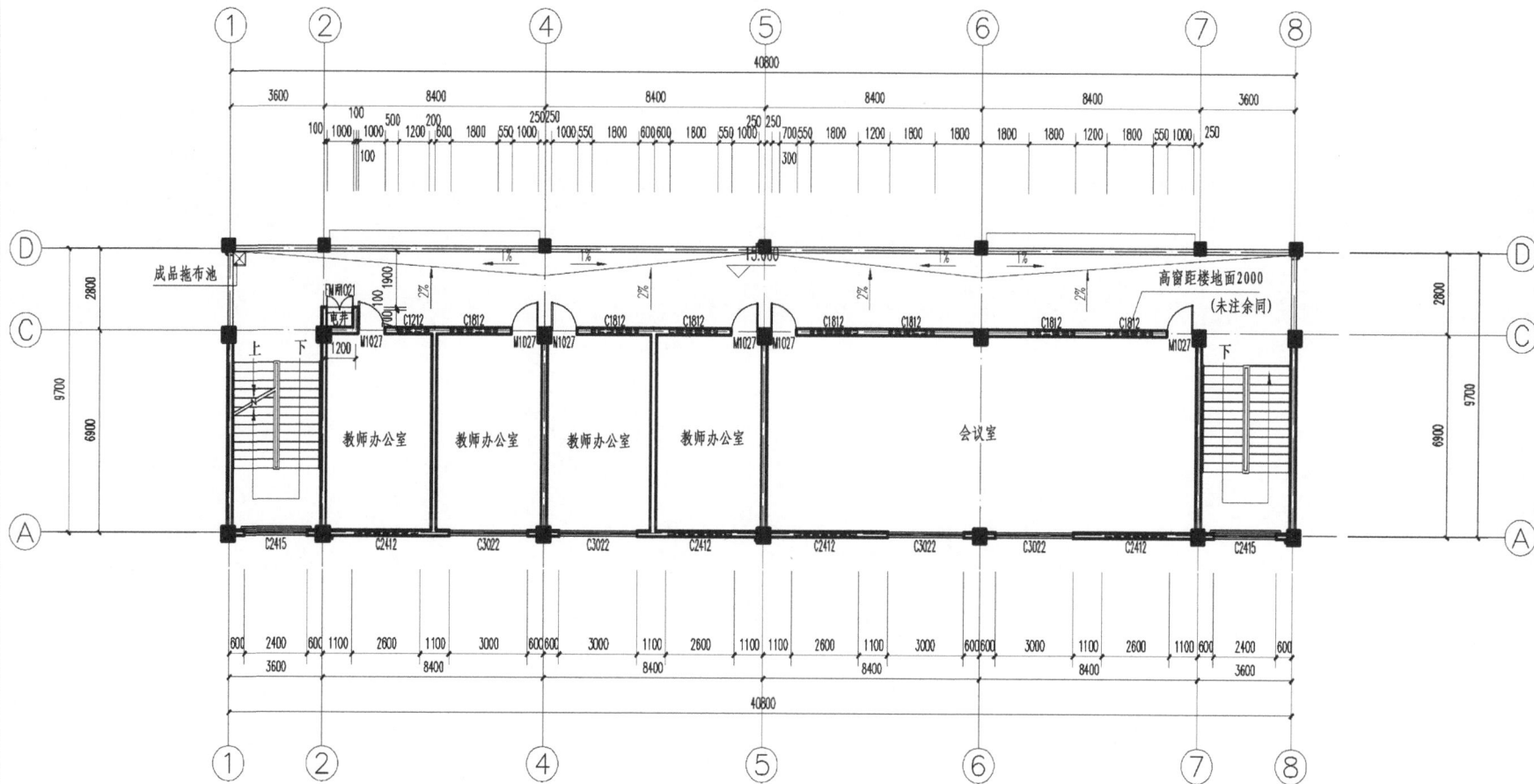

五层平面图1:100

9-5

白色外墙涂料
未注余同

深褐色外墙涂料

灰色外墙涂料
未注余同

22.800
22.500
21.000

轻型雨棚做法详
西南11J516　①／⑩

①／⑩　轻型雨棚做法详
西南11J516

40800

①　　　　⑦

①—⑦立面图 1:100

①—⑦立面图 1:100

9-6

灰色外墙涂料
未注余同

深褐色外墙涂料

白色外墙涂料
未注余同

深褐色外墙涂料

21.000

22.500

22.800

⑦—①立面图 1:100

40800

60

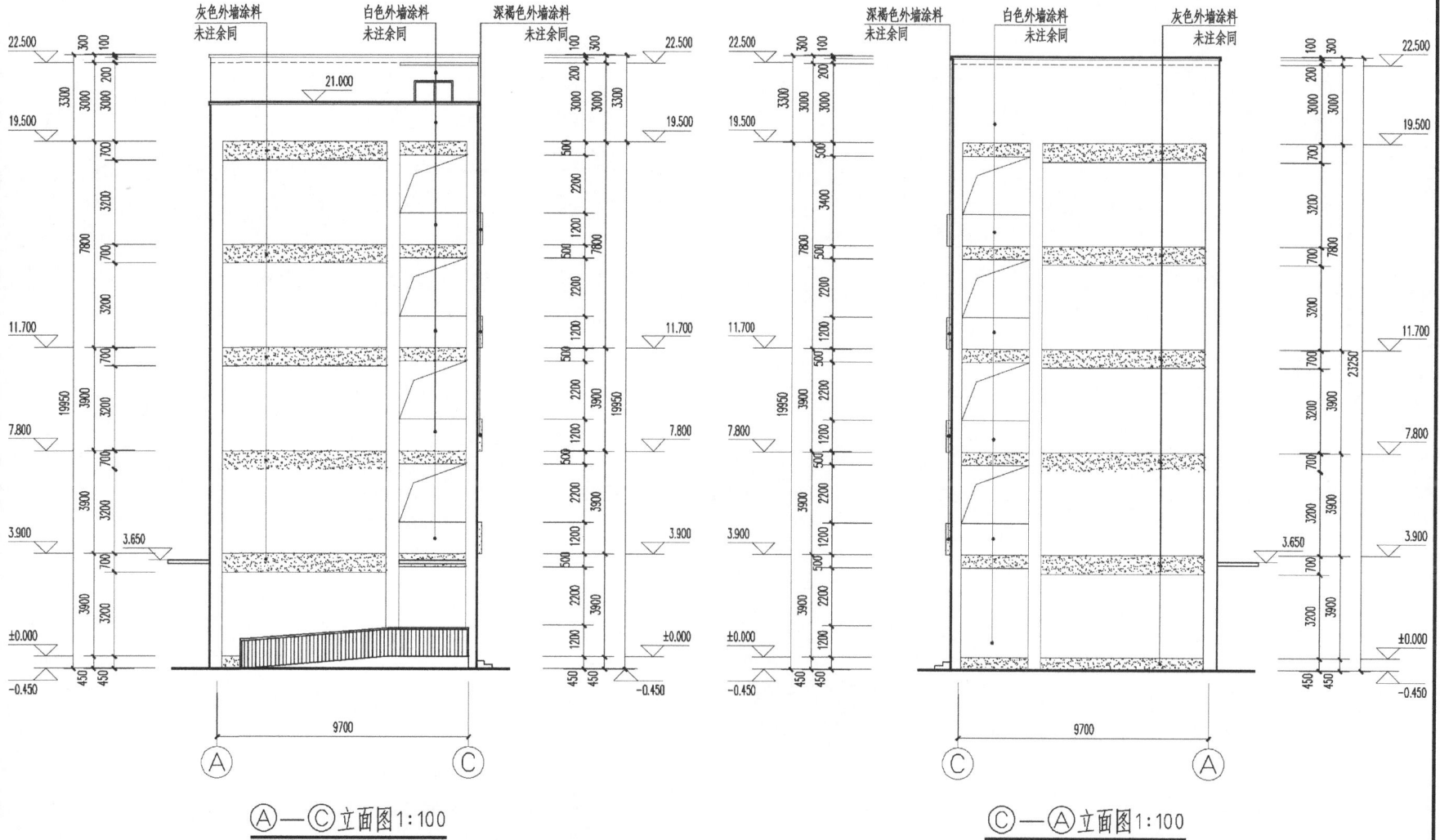

班级_____　姓名_____　学号_____　成绩_____　日期_____

9-7

灰色外墙涂料　　　白色外墙涂料　　　深褐色外墙涂料
未注余同　　　　　未注余同　　　　　未注余同

深褐色外墙涂料　　白色外墙涂料　　　灰色外墙涂料
未注余同　　　　　未注余同　　　　　未注余同

A—C 立面图 1:100

C—A 立面图 1:100

61

9-8

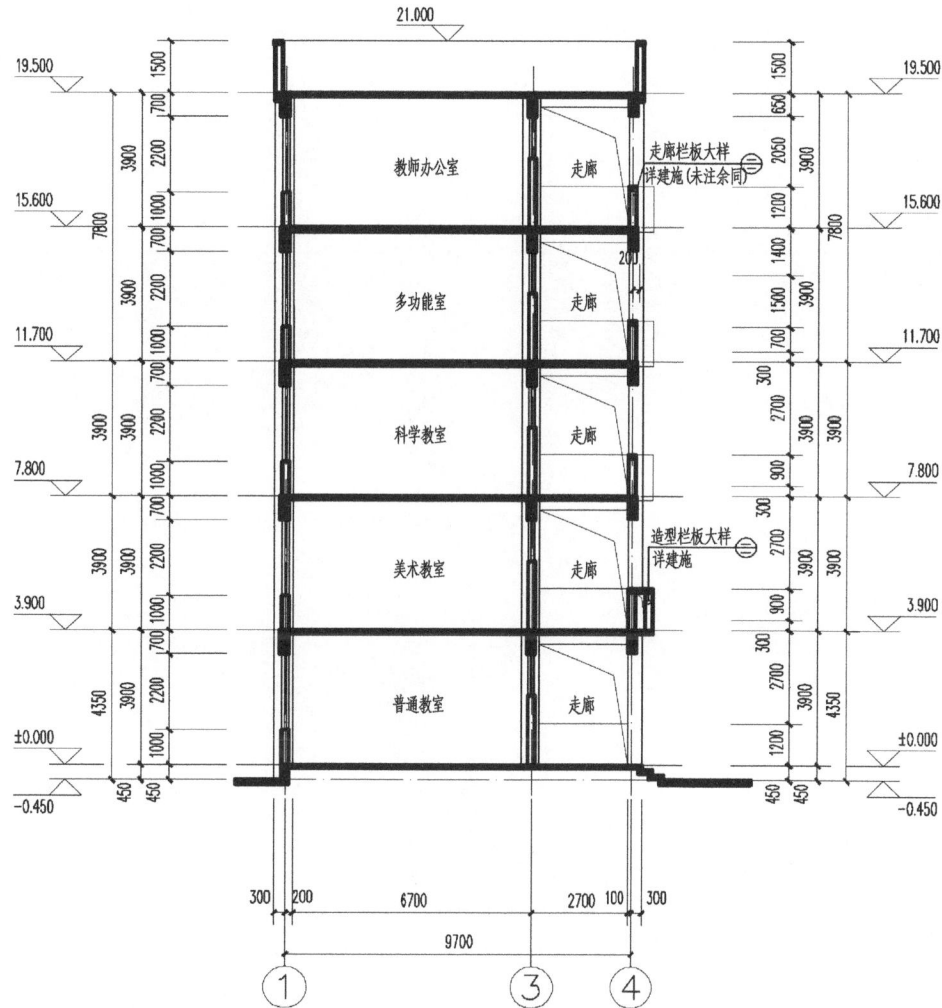

教师办公室　走廊

多功能室　走廊

科学教室　走廊

美术教室　走廊

普通教室　走廊

走廊栏板大样
详建施(未注余同)

造型栏板大样
详建施

21.000

19.500

15.600

11.700

7.800

3.900

±0.000

-0.450

1—1剖面图1:100

① ③ ④

9700

62

班级_____　姓名_____　学号_____　成绩_____　日期_____

9-9

A—A剖面图 1:50

班级_____ 姓名_____ 学号_____ 成绩_____ 日期_____

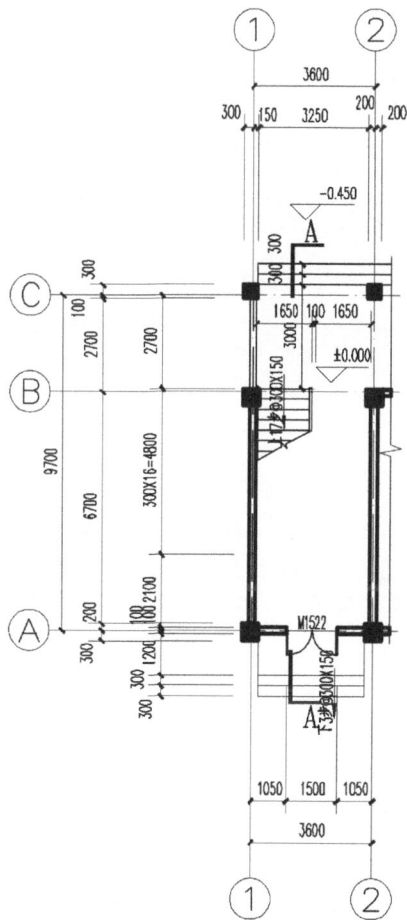

1#楼梯大样一层平面图 1:50

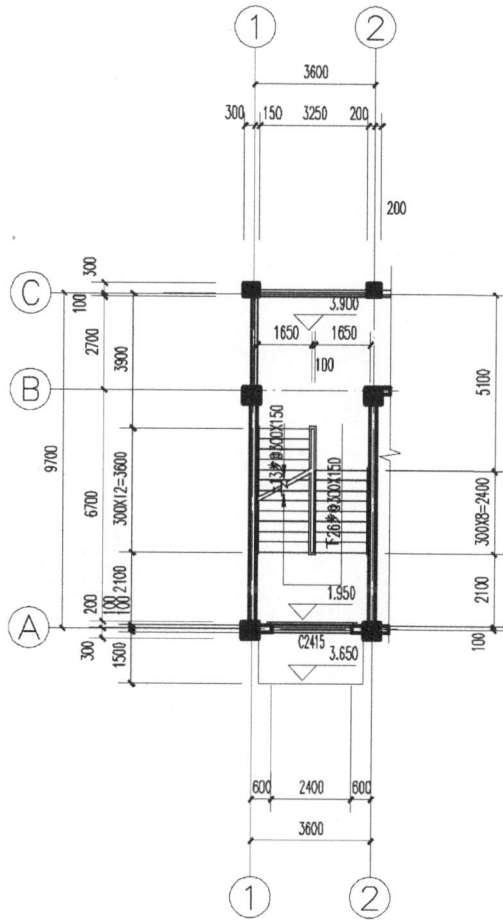

1#楼梯大样二层平面图 1:50

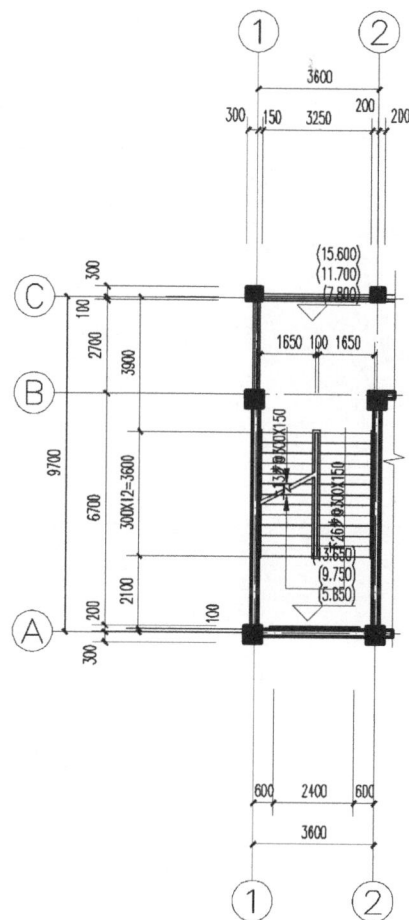

1#楼梯大样三层平面图 1:50

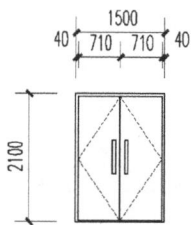

M1521详图

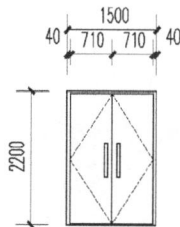

M1522详图

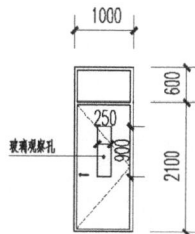

M1027详图

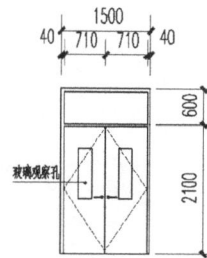

M1527详图

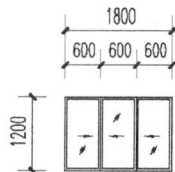

C1812详图

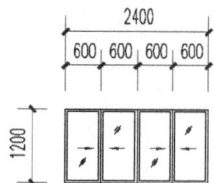

C2412详图

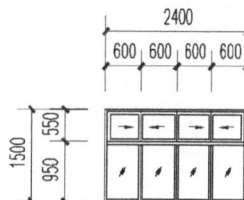

C2415详图

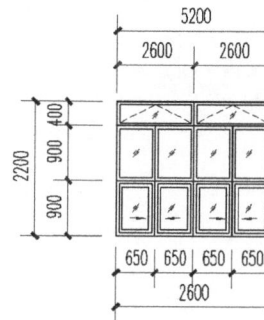

C5222详图

抄绘某教学楼梁、板结构平面图作业指导书

一、要求

　　按 1:50 的比例,用 A2 图幅抄绘某教学楼各层梁结构平面图及板结构平面图。

二、步骤

　　1. 绘图幅、图框、图标的底稿线。

　　2. 布置图面:定出梁结构平面图及板结构平面图位置。

　　3. 画梁结构平面图及板结构平面图底稿线。

　　4. 按各图的线型要求加深图线。

　　钢筋画粗实线,其粗度为 b。

　　外形轮廓线画中粗线,其粗度为 $0.5b$。

　　尺寸线、中心线画细线,其粗度为 $0.25b$,尺寸起止符号用中实线画出,其粗度为 $0.5b$。

　　最后标注尺寸,书写图中文字,填写图标,修整图画,完成全图。

10-1

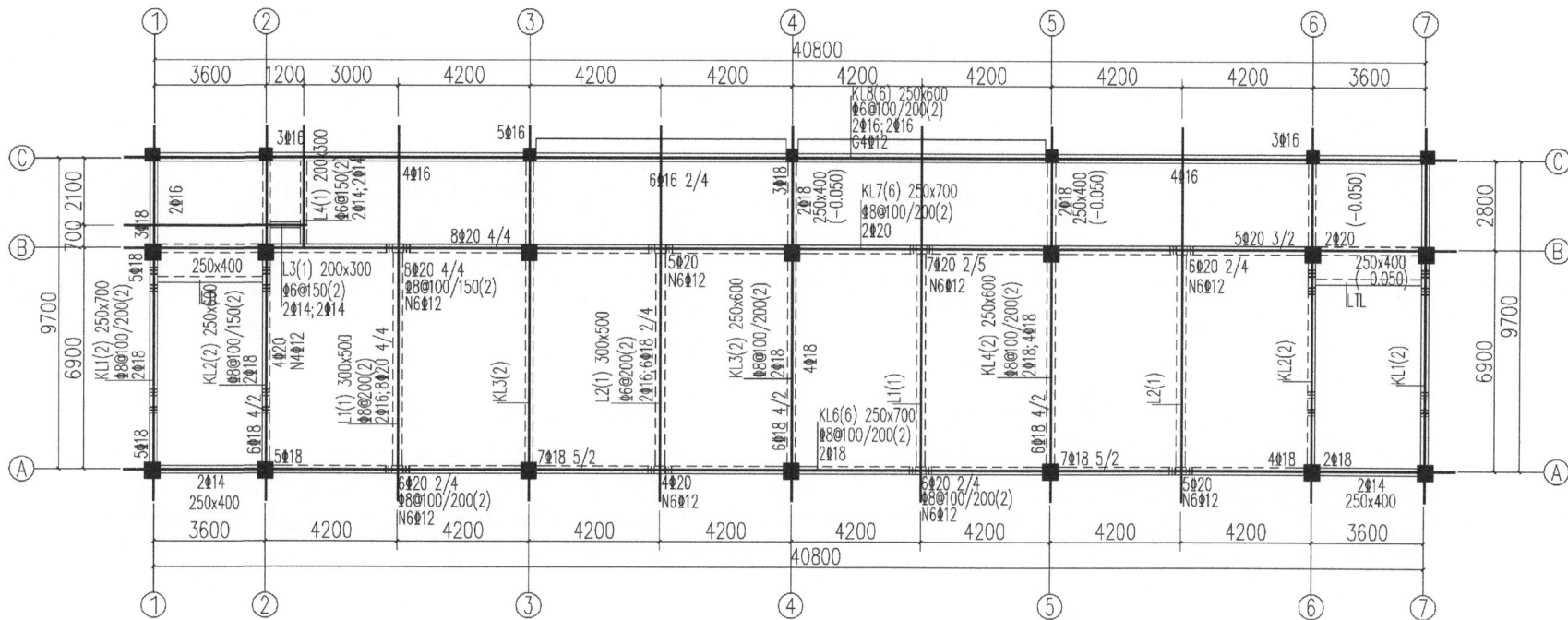

二层梁结构平面图

注：1. 除注明外，梁板面标高详见"结构层楼面标高"标高表；图中H表示结构层楼面表高。
2. 除注明外，本层主次梁相交处主梁每侧设置箍筋3φd；d为主梁箍筋直径，箍筋肢数和强度同主梁箍筋。
3. 除注明外，梁以轴线居中。

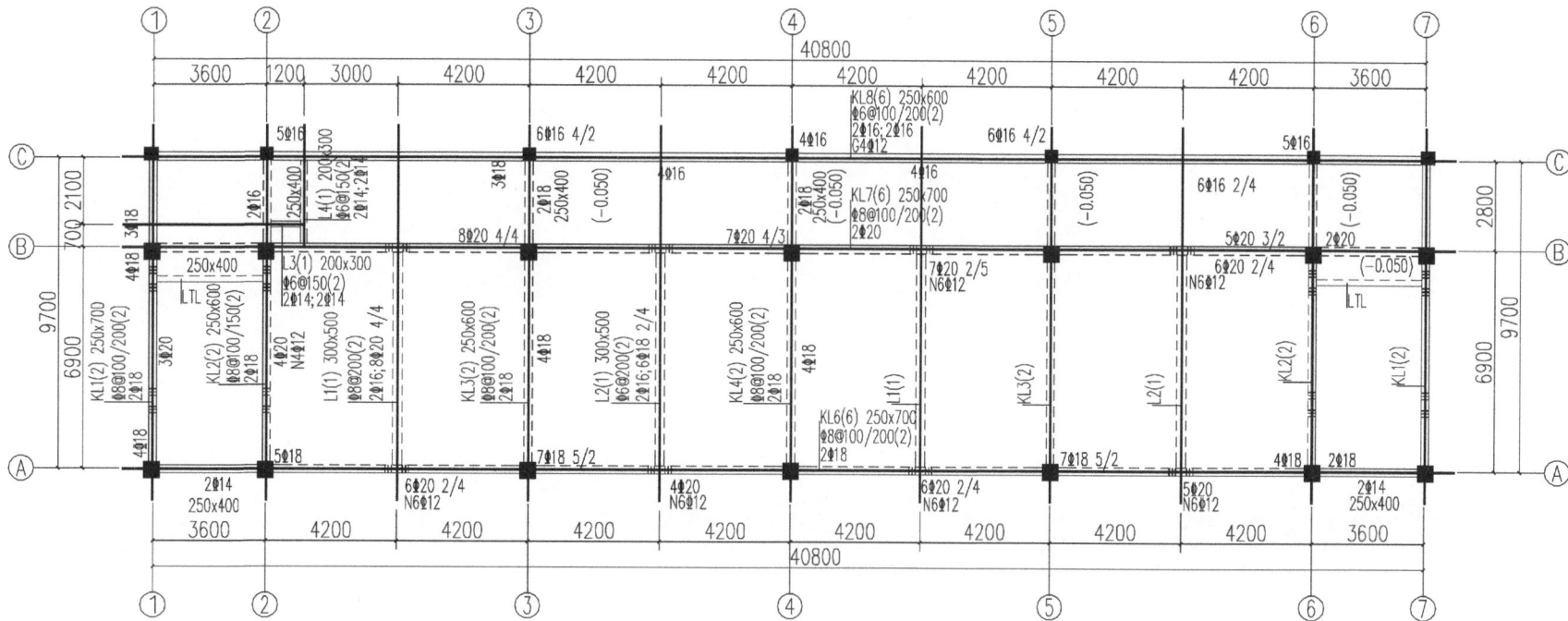

三、四层梁结构平面图

注：1. 除注明外，梁板面标高详见"结构层楼面标高"标高表，图中H表示结构层楼面表高。
　　2. 除注明外，本层主次梁相交处主梁每侧设备箍3d；d为主梁箍筋直径，箍筋肢数和强度同主梁箍筋。
　　3. 除注明外，梁以轴线居中。

10-3

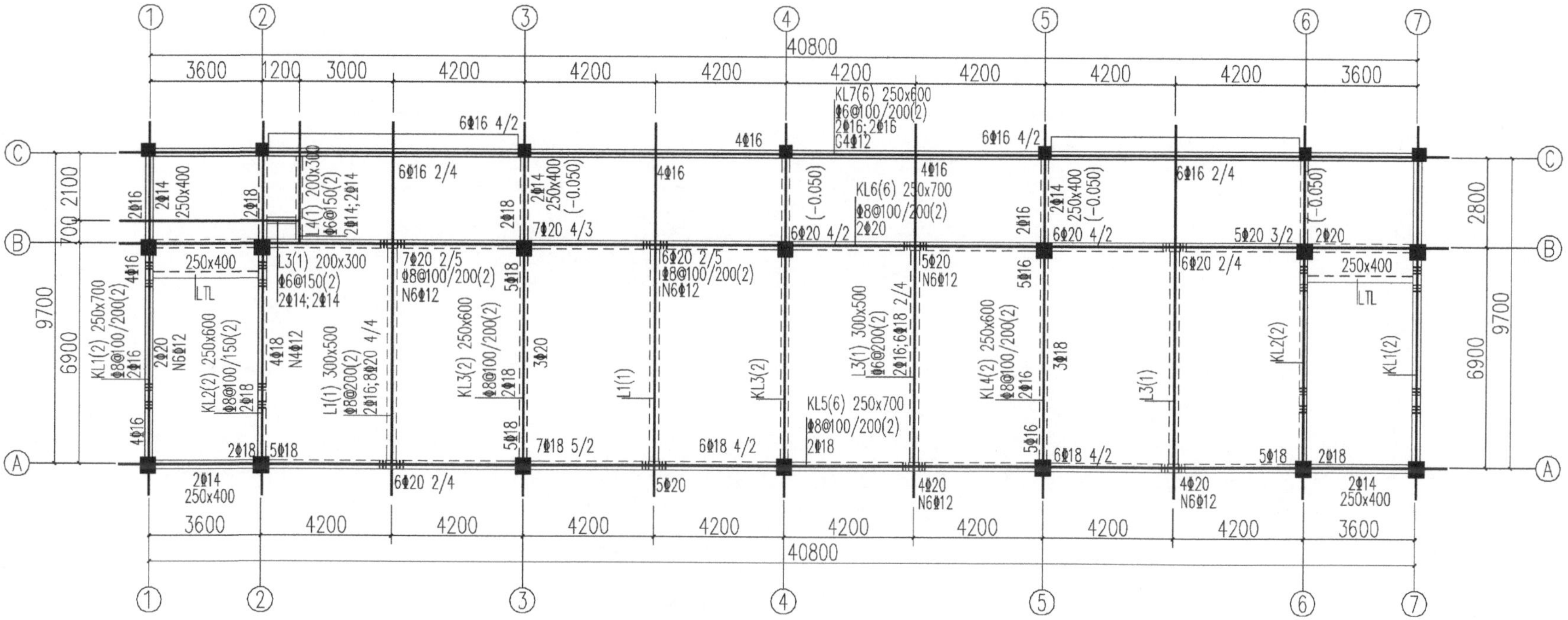

五层梁结构平面图

注：1. 除注明外，梁板面标高详见"结构层楼面标高"标高表；图中H表示结构层楼面表高。
　　2. 除注明外，本层主次梁相交处主梁每侧设密箍筋3φ d；d为主梁箍筋直径，箍筋放数和强度同主梁箍筋。
　　3. 除注明外，梁以轴线居中。

班级＿＿＿＿　姓名＿＿＿＿　学号＿＿＿＿　成绩＿＿＿＿　日期＿＿＿＿

10-4

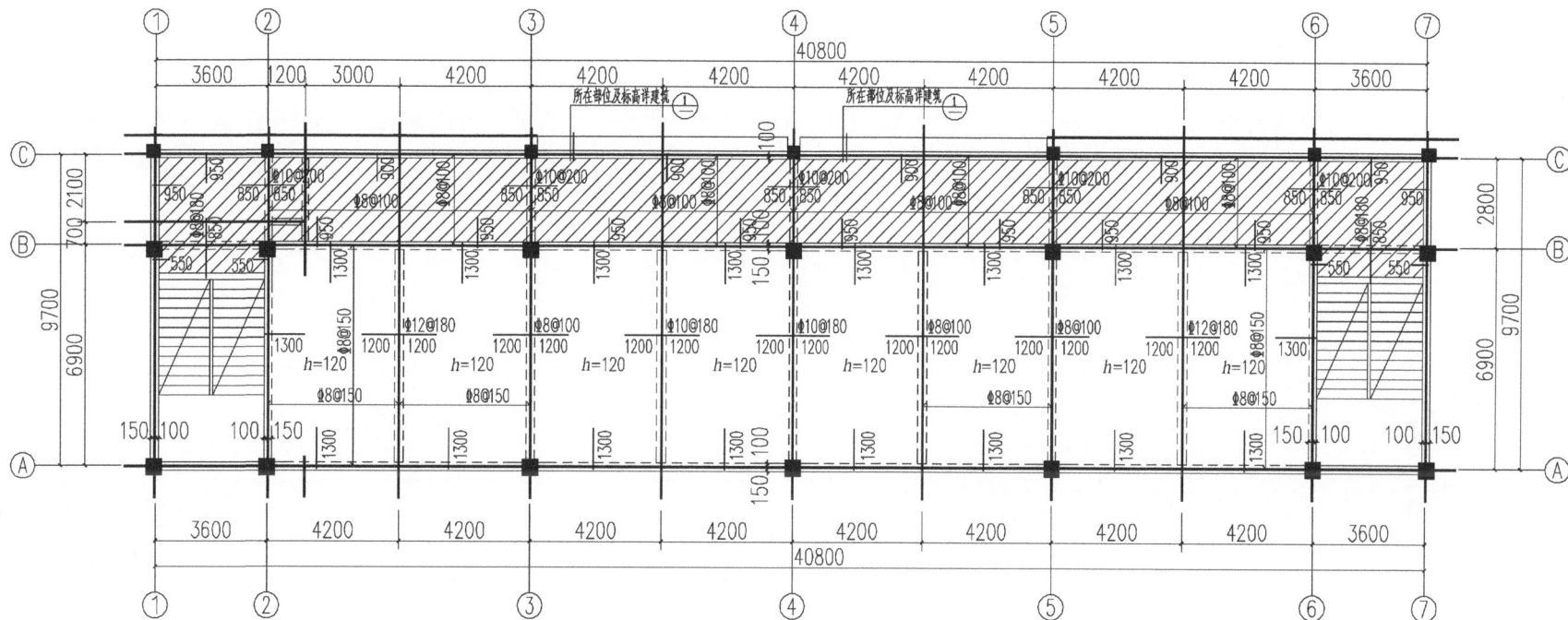

二层板结构平面图

注：1. 除注明外，梁板面标高详见"结构层楼面标高"标高表；图中H表示结构层楼面表高。
　　2. 除注明外，梁以轴线居中；图中h=120表示板厚120mm。
　　3. 除注明外，板厚100mm，底筋Φ8@200双向。
　　　图中未标注规格的板筋为Φ8@200。
　　4. 阴影部分 ▨ 表示标高H−0.050。

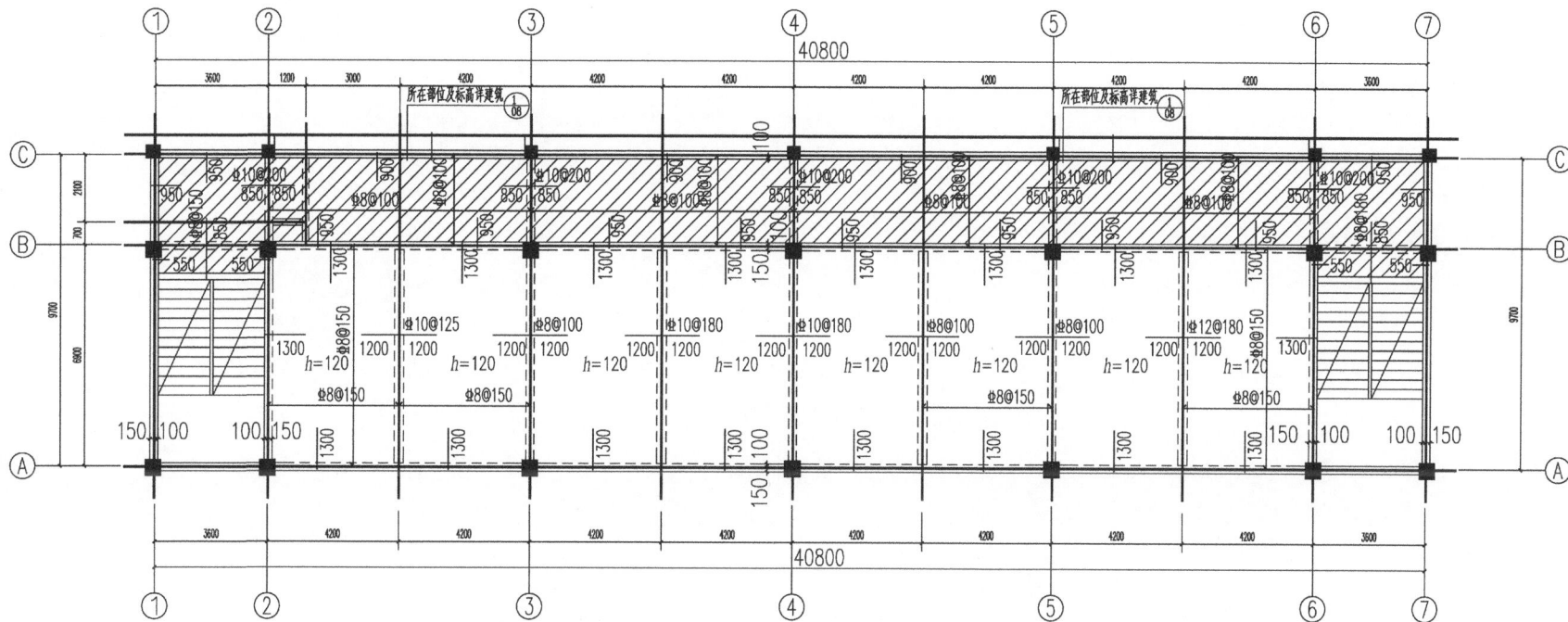

三、四层板结构平面图

注：1．除注明外，梁板面标高详见"结构层楼面标高"标高表；图中H表示结构层楼面表高。
　　2．除注明外，梁以轴线居中；图中h=120表示板厚120mm。
　　3．除注明外，板厚100mm，底筋Φ8@200双向。
　　　图中未标注规格的板筋为Φ8@200。
　　4．阴影部分 ▨ 表示标高H-0.050。

71

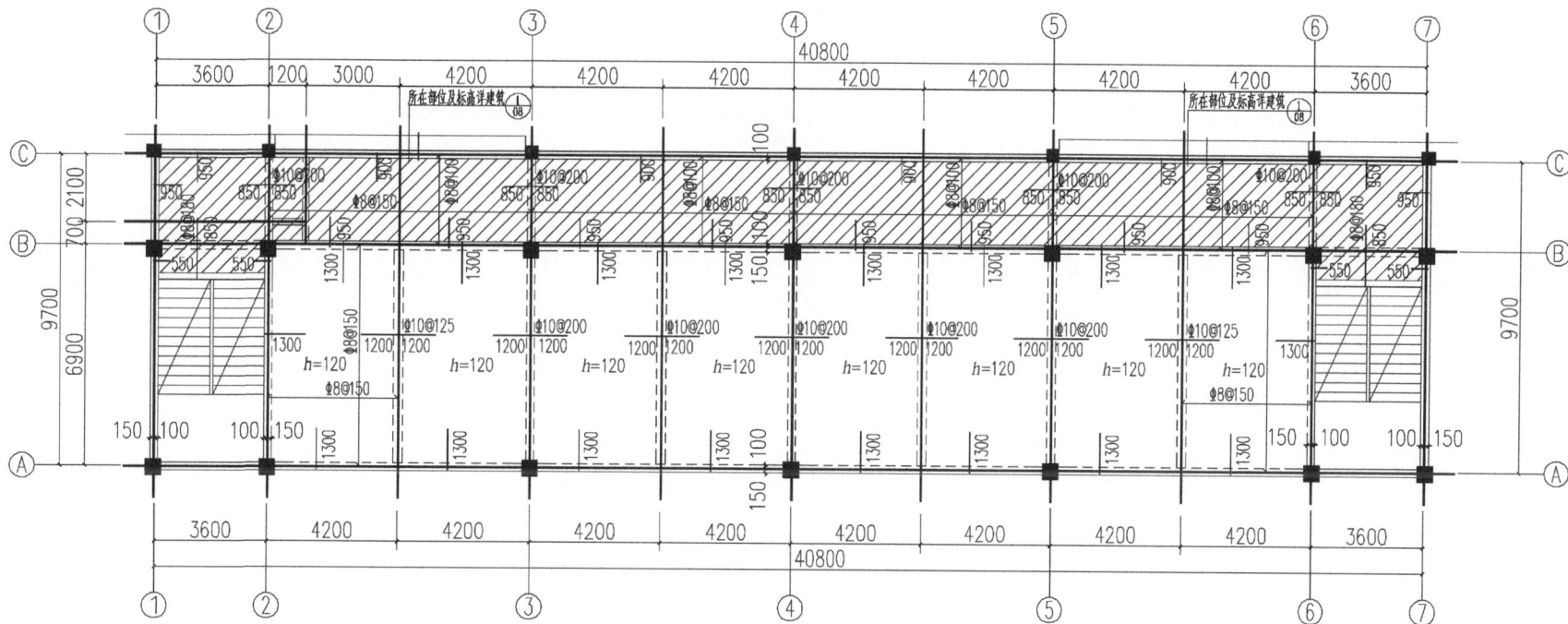

五层板结构平面图

注：1. 除注明外，梁板面标高详见"结构层楼面标高"标高表；图中H表示结构层楼面表高。
　　2. 除注明外，梁以轴线居中；图中h=120表示板厚120mm。
　　3. 除注明外，板厚100mm，底筋φ8@200双向。
　　　　图中未标注规格的板筋为φ8@200。
　　4. 阴影部分 ▨ 表示标高H-0.050。

12-1 A,B,C 3 点的高程分别为 10 mm, -18 mm,20 mm,3 点的坐标数值分别为 $x_A=30$ mm, $y_A=40$ mm; $x_B=20$ mm, $y_B=30$ mm; $x_C=10$ mm, $y_C=20$ mm,求作在 3 点的标高投影图。

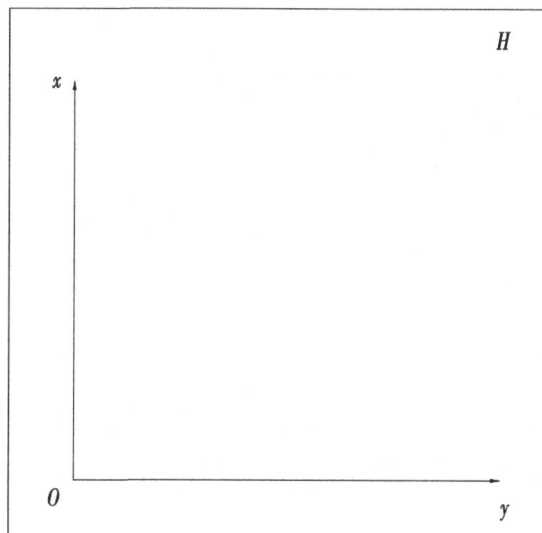

12-2 已知直线 AB 两端点的标高分别为 20 mm 和 15 mm,两点的坐标数值分别为 $x_A=20$ mm, $y_A=35$ mm; $x_B=30$ mm, $y_B=25$ mm。求作该直线 AB 的标高投影图。

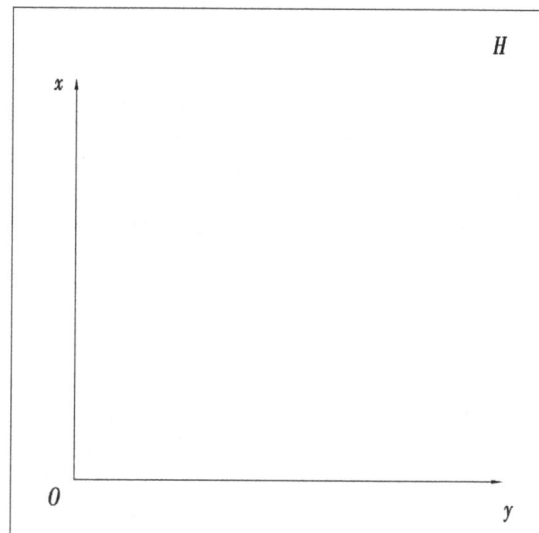

12-3　某煤层的底板等高线如图所示,试求该煤层的倾角。

(1)

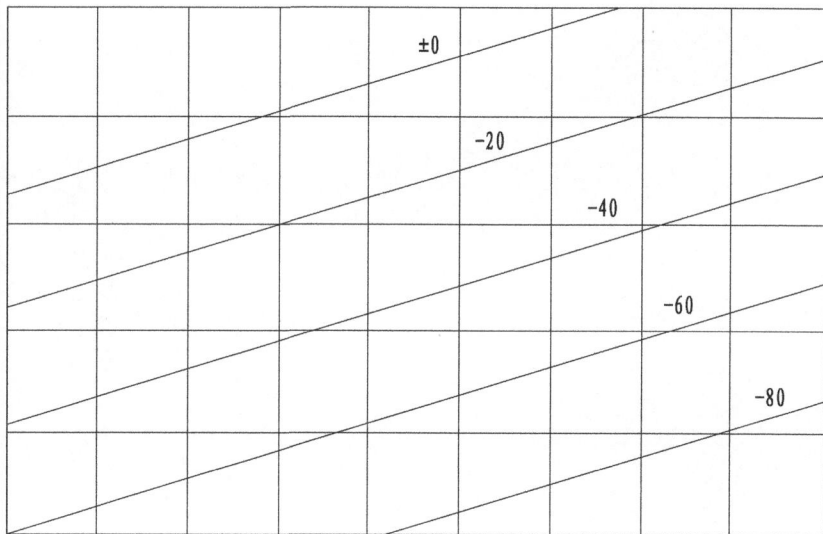

(2)

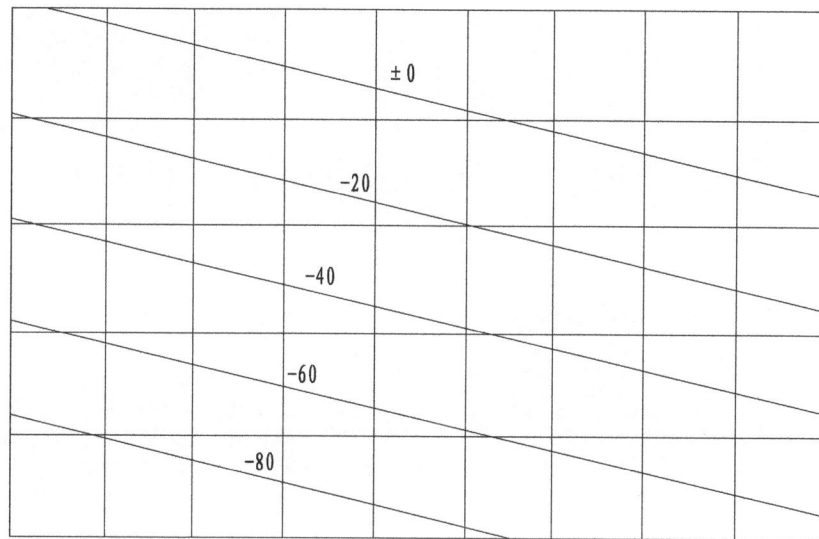

12-4　识读钻孔构件样图,完成下列内容:

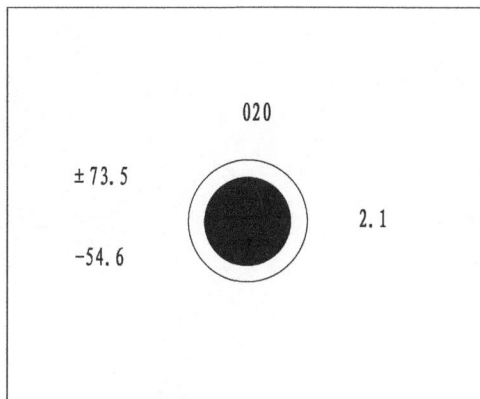

(a)

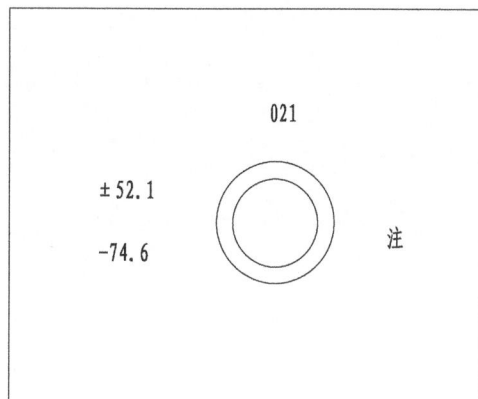

(b)

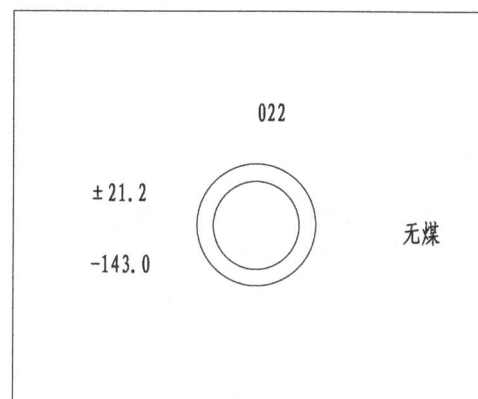

(c)

(1)分别写出该图图名:(a)_____;　(b)_____;　(c)_____。

(2)分别写出该图钻孔号:(a)_____;　(b)_____;　(c)_____。

(3)分别写出图中钻孔的孔口和孔底标高:(a)_____;　(b)_____;　(c)_____。

(4)如图所示的钻孔构件样图中,煤层厚度为_____。

班级_____ 姓名_____ 学号_____ 成绩_____ 日期_____

12-5 识读矿井生产采区巷道布置图,在读懂图的基础上,补全空余巷道的名称,并说明上述巷道是平巷、斜巷或是立井。

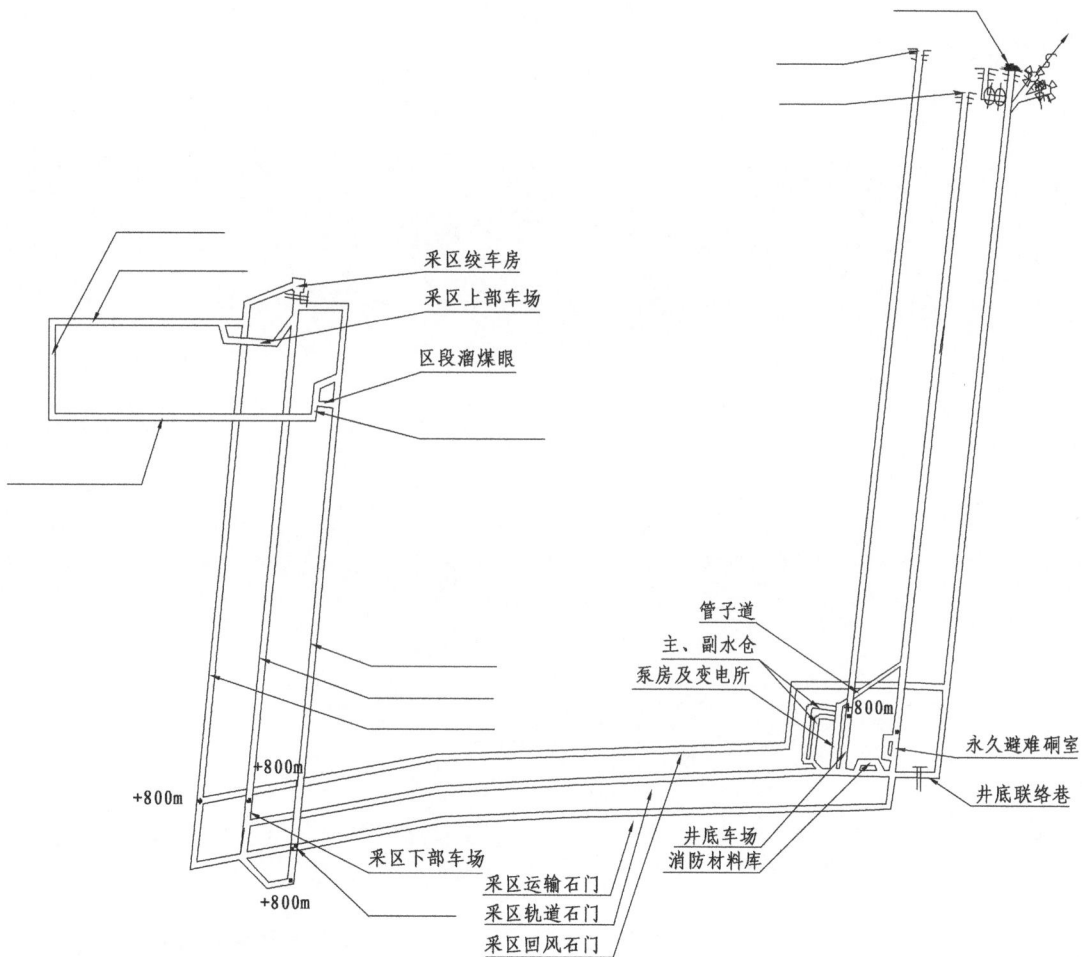

采区绞车房
采区上部车场
区段溜煤眼
管子道
主、副水仓
泵房及变电所
+800m
永久避难硐室
井底联络巷
+800m
+800m
采区下部车场
采区运输石门
采区轨道石门
采区回风石门
井底车场
消防材料库
+800m

参考文献

[1] 何培斌. 土木工程制图[M]. 北京:中国建筑工业出版社,2012.

[2] 张岩. 建筑工程制图[M]. 北京:中国建筑工业出版社,2007.

[3] 何铭新,等. 画法几何及土木工程制图[M]. 武汉:武汉理工出版社,2009.

[4] 谢培青. 画法几何与阴影透视[M]. 北京:中国建筑工业出版社,1998.

[5] 贾洪斌,等. 土木工程制图[M]. 北京:高等教育出版社,2008.

[6] 丁明宇,等. 土建工程制图[M]. 北京:高等教育出版社,2012.

[7] 孙广义,郭忠平. 采煤概论[M]. 中国矿业大学出版社,2007.

[8] 王超. 矿图[M]. 煤炭工业出版社,2015.

[9] 卢传贤. 土木工程制图[M]. 北京:中国建筑工业出版社,2012.

[10] 张黎骅,等. 土建工程制图[M]. 北京:北京大学出版社,2015.

[11] 王成刚,等. 工程识图与绘图[M]. 武汉:武汉理工大学出版社,2012.

[12] 张会平. 土木工程制图[M]. 北京:北京大学出版社,2014.

参考文献

[1]
[2]
[3]
[4]
[5]
[6]
[7]
[8]
[9]
[10]
[11]
[12]